U0948075

吴磊 著

中国财富出版社

图书在版编目(CIP)数据

你的人生,你说了算 / 吴磊著. —北京:中国财富出版社, 2019.7
ISBN 978-7-5047-6977-0

Ⅰ. ①你… Ⅱ. ①吴… Ⅲ. ①人生哲学-通俗读物 Ⅳ. ①B821-49

中国版本图书馆CIP数据核字(2019)第136614号

策划编辑 张彩霞 **责任编辑** 齐惠民 李小红
责任印制 梁 凡 郭紫楠 **责任校对** 刘瑞彩 **责任发行** 董 倩

出版发行 中国财富出版社
社 址 北京市丰台区南四环西路188号5区20楼 邮政编码 100070
电 话 010-52227588转2098(发行部) 010-52227588转321(总编室)
010-52227588转100(读者服务部) 010-52227588转305(质检部)
网 址 http://www.cfpress.com.cn
经 销 新华书店
印 刷 三河市天润建兴印务有限公司
书 号 ISBN 978-7-5047-6977-0/B·0553
开 本 880mm×1230mm 1/32 **版 次** 2019年9月第1版
印 张 7.25 **印 次** 2019年9月第1次印刷
字 数 151千字 **定 价** 48.00元

1

我时常怀念年少时，自己对周围的一切充满了好奇与憧憬，可是，随着年龄的增长，那股初生牛犊不怕虎的勇气，好像被岁月浸染了，褪掉了灵气。

这多拘束呀，我为什么要让自己的一言一行变成一块在理智的煎锅上翻来覆去地煎着的饼呢？

宁愿无怨无悔地粉身碎骨，也不愿平平安安地虚度一世。真正有过这样感受的人会明白，因为虚度不仅是无聊的，更是痛苦的。人生如此短暂，茫茫世界中的人是渺小的，如果在短暂的时光中不曾绽放自己的光彩，人生又有什么意义呢？

人，最不愿意做的就是将就。我更不愿意。

米兰·昆德拉在《不朽》中说：“没有一点儿疯狂，生活就不值得过。”

2

我不愿意将就，我喜欢加夫列尔·加西亚·马尔克斯笔下的“迷宫中的将军”，他不愿意将就世俗的野心和呼声，他勇敢而毫无畏惧地从殖民者的手中夺回被剥夺的权利后，勇敢地选择建立自己理想中的制度。那位勇敢的“将军”就是南美的解放者——西蒙·玻利瓦尔。只是，理想的目标过于远大，没有人理解，也没有人追随，最后他只能一个人忍受着孤寂与落寞，在自我流放的旅途中踽踽独行。

在我的心目中，他是一位猛士，敢于和别人不一样，敢于不将就，敢于去追求。

米兰·昆德拉说过：“负担越重，我们的生命越贴近大地，它就越真实。”因此，我郑重选择让我的生命贴近大地，我不希望惬意地飘浮在半空中，言不由衷地说一些虚言妄语。

什么叫贴近大地？我的理解是，能耐住寂寞，守住繁华，拥有时光，在时间里忍受孤独，付出一切。日后老了，再说起当初的不顾一切，可能会把自己都感动得稀里哗啦，多美妙啊！

3

《何以笙箫默》里说："如果世界上曾经有那个人出现过，其他人都会变成将就。而我不愿意将就。"这句话讲的是爱情，但"那个人"也可以指任何东西。每个人的故事里都有青春，有斗志，也有迷茫；有现实，也有梦想；有积累，也有崩溃；有奇迹，也有荆棘；有坚韧，也有软弱……在人生的道路上，笑过，哭过，奋斗过，跌倒过，但只有竭尽全力活出了最好的自己，才不枉在这世间走一回。

其实，真正精彩的人不多，大多数人都是普通人，拥有着平凡而平淡的人生。即便如此，我们也应该认认真真地对待自己的人生，不能在浮华的世界里迷失自我，不能在激烈的竞争中失去原则，不能在暂时的落后中不择手段。

年轻时，我不将就，是因为我足够年轻。

可是，不再年轻时，我也不会将就，这就是我的人生态度和生活方式。

第一章

梦想永远不会逃跑，逃跑的是你自己

找到你真正喜欢的东西

几乎从踏入小学的大门开始，我们就被老师“引导”着树立自己的理想。我们写作文时会写自己的理想，但经常是敷衍地写下“医生”“律师”“科学家”等亮眼的职业。其实，我们并不清楚那些职业究竟要做什么，那么如何知道自己想要什么呢？

在现实生活中，读书、考试、毕业、工作……几乎大多数人的生活轨迹都是这样，平淡无奇。

有一段时间，常听朋友跟我诉苦。她是一名全职太太，在快节奏的现代社会中，被周围的人认为是无所事事，身边的人都在通过持续地做某件事情，来证明自己的存在。她也尝试过，她想尽办法去充实生活的每一个角落，比如，健身、插花、参加各种才艺班，等等。但现实却让她越来越迷茫，因为她已经不知道自己想要什么了。

我给朋友分享了一个故事。

从前有一位乡村邮递员，名叫希瓦勒，他每天的工作就是徒步奔走在各个村庄之间收信送信。

有一天，他走在崎岖的山路上，一不小心被一块石头绊倒了。他发现那块石头的样子非常奇怪，于是，就好奇地捡了起来。他左看右看，最后竟有些爱不释手。于是，他就把那块石头放进自己的邮包里。村子里的人看到了，先是觉得很奇怪，而后好心地劝告他："你每天要走这么多的路，把石头扔了吧，虽然只有一块，但也是不小的负担啊。"

希瓦勒从包里取出石头，向村里的人炫耀说："你们看，你们有谁见过这样美丽的石头啊？太难得了。"村里的人笑了："这样的石头，山上到处都是，够你捡一辈子的。"

听到这话，希瓦勒突然产生一个念头：如果我可以用这些美丽的石头建造一座城堡，那该有多好！想到这儿，他就开始按照自己的想法做，在以后每天送信的途中，他都会特别注意脚下的石头，找几块好看的放在邮包里。没过多久，希瓦勒就收集了一堆石头，不过距离能够建造成城堡还很遥远。为了早日盖出城堡，希瓦勒决定推独轮车去送信，一旦发现了中意的石头，就立刻把它装上独轮车。

从那以后，希瓦勒就再也没有过过一天闲适的日子。他白天送信收信，顺便运输石头；到了晚上，就变成一名建筑师。村子里的人都觉得不可思议，都认为他在做很奇怪的事。

时间一晃就是20年，在希瓦勒的住处，一个很偏僻的地方，出现了很多错落有致的城堡，有清真寺式的、印度神教式的、基督教式的……1905年，美国波士顿一家报社的记者偶然发现了希瓦勒建造的城堡群，对建造格局和附近的优美风景惊叹不已，继而写了一篇介绍城堡主人——邮差希瓦勒的文章。自文章在报纸上刊出后，希瓦勒迅速成了家喻户晓的新闻人物，越来越多的人慕名前来参观他的城堡，就连大师级的画家巴勃罗·毕加索也专程前来参观。

希瓦勒在城堡入口处的石块上刻下了一句话，字迹至今依旧清晰可见——

“我想知道一块有了愿望的石头能走多远。”

我对朋友说，在这个故事里，其实有愿望的不是石头，而是我们的内心产生了一股强大的信念——去做你自己想做的事情。像希瓦勒这样的人，之所以显得不平凡，是因为他能够清醒地认识到自己想过的是怎样的生活，想要什么样的人生，想做什么样的事情……一旦信念在心里扎根，任何苦难都是微不足道的，都可以被克服。

史蒂夫·乔布斯在斯坦福大学的演讲中，谈到了我们听过无数遍的忠告——你必须找到自己真正喜欢的东西！

最怕你依赖成性

在生活中，不少人都有这样的认知：只要别人向自己提供帮助，自己就会从中获益。而事实是，力量是自发的、不依赖于他人，依靠他人会破坏独立自主的精神，最终导致自己变得越来越懦弱。举个最简单的例子，坐在健身房里让别人替我们练习，是无法增强自己的肌肉力量的。

生活中最大的危险，是依赖他人来保障自己。这种危险就像是伊甸园里的蛇，总在你准备努力时，不断地引诱你："不用了，你根本不需要努力。看看这些金钱、美食，享受都来不及……"而这种诱惑足够抹杀一个人意欲前进的雄心和勇气，阻止我们用自身的力量换取成功的快乐，使得我们只能日复一日地原地踏步、停滞不前，最终在垂暮之年，为自己一生无所作为而悔恨不已。

不仅如此，依赖他人还容易剥夺一个人本身应该具备的独立能力，导致养成依赖他人的习惯，为未来挖下失败的陷阱。

一味地依靠他人，永远不能让自己变得强大，也无法让自己具备创造力。在这样的情况下，其实只有两个选择，要

么选择抛开身边的“拐杖”，独立自主；要么就埋葬内心的雄心壮志，一辈子只做一个普通人。

很多著名人物从小在性格和精神上就得到了不错的培养，美国第35任总统约翰·肯尼迪就是如此，他的父亲从小就注意培养他的独立性格和自主精神。

有一次，肯尼迪的父亲带肯尼迪赶马车出去游玩。路过一个拐弯的地方，因为马车的速度过快，肯尼迪被猛地甩了出去，摔倒在地。马车停下了，肯尼迪满心欢喜地以为父亲会下车扶自己，可是他等了一会儿，却发现父亲还坐在车上，悠闲地吸烟。

肯尼迪大叫道：“爸爸，您快来扶我。”

“你摔疼了吗？”肯尼迪的父亲问。

肯尼迪带着哭腔说：“是的，我感觉自己已经站不起来了。”

“那也要坚持站起来，自己爬上马车。”

肯尼迪挣扎着站起来，摇摇晃晃地走近马车，艰难地爬了上去。

父亲挥动鞭子，马车又往前走了，他问：“你知道为什么让你这么做吗？”

肯尼迪还沉浸在伤痛中，摇了摇头。

“人生就是这样，跌倒，爬起来，奔跑；再跌倒，再爬起来，再奔跑……任何时候都要靠自己。”

不仅如此，肯尼迪的父亲还经常带他参加大型社交活动，教他如何跟客人问好、道别，与不同身份的客人应如何交谈，如何展示自己的精神风貌、气质和风度，坚定自己的信仰等。旁人对肯迪尼父亲的做法感到不解，问道：“你每天要做的事情那么多，怎么有耐心教孩子做这些鸡毛蒜皮的小事？”

肯尼迪的父亲一语惊人：“我是在训练他做总统。”

将希望寄托于他人的帮助，会让自己养成惰性，从而失去独立思考和行动的能力；将希望寄托于某种强大的外力上，意志力则会被无情吞噬。其实，一个人只要活着，前途就永远取决于自己——成功与失败，都系于自己身上。

为了训练小狮子自强自立的能力，母狮会故意把它推入深谷，使小狮子在困境中挣扎求生。在残酷的现实面前，小狮子挣扎着一步步从深谷中走出来。只有体会到“不依靠别人，只凭借自己的力量前进”后，小狮子才能真正长大。

任何人都不能为你提供永远的庇护。一个人，即使是驾一匹羸弱的老马，只要马缰握在手中，就不会陷入人生的泥潭。我们应该掌握前进的方向，把握目标，让目标似灯塔般在高远处闪光；我们应该独立思考，有自己的主见，懂得自己解决问题，当一个人感到所有外部帮助都被切断后，才会尽最大的努力，以最坚韧不拔的毅力奋斗。

抛开“拐杖”，自立自强，是所有成功者的做法。我们的品格、作为和所有的一切都是自己行为的产物，并不能靠其他东西改变。我们最终会发现，是自己主宰了命运的沉浮。

把精力集中在一个目标上

在生活中，你是否有过类似的困惑——树立了太多的目标，却分身乏术、举棋不定，不知道应该放弃还是坚持？

针对这种情况，有人做过这样的比喻："这种选择就像过一个陌生的十字路口，只要你选准一条路径直往前走，每条路都可通往目的地。可如果总怀疑自己的方向不对，一次次地退回重选，那么不管你以怎样的速度走，都总在原点附近徘徊，永远走不到目的地。"

刚到公司上班时，小王很是勤奋，学习能力也很强，做事得心应手，半天的时间就能够完成老板交代的工作。空闲时，小王想起学生时代写了一半的长篇小说，毕竟当小说家也是他一直以来的梦想，所以，小王完成了工作后，在空闲时就继续自己的文学创作。

就这样持续了很久，直到小王的秘密被老板发现。小王很不安，但老板并没有批评他，而是与他进行了开诚布公的谈话："我看了看你的小说，写得不错呀！我想问问你，你对人生有什么规划吗？"

小王不假思索地回答：“成为作家、设计师、企业高管……”

老板认真地听完，最后没有做出任何评价，而是讲了一个故事：“在森林里，有三条猎狗正在追赶一只土拨鼠。情急之下，土拨鼠只好钻进了树洞里。不过，树洞只有一个出口，三只猎狗就死守在树下。过了一会儿，一只兔子钻出了树洞，飞快地跑啊跑，爬到一棵大树上，然后得意地嘲笑树下的三只猎狗，却一不小心从树上掉了下来，砸晕了仰头看它的三条猎狗。这个故事有什么问题吗？”

小王觉得有趣，迅速地回答：“第一，兔子不会爬树；第二，一只兔子不可能同时砸晕三条猎狗。”

老板笑道：“你分析得不错，可是，土拨鼠去哪里了？”

小王叫道：“哎呀！怎么会把它给忘记了！”

“土拨鼠呢，就像是你最初为自己设定的人生目标，在前行的过程中，它被你忘记了！刚进公司时，你信心百倍地说：‘我要做个出色的广告人。’也是这句话打动了我，还记得吗？”老板顿了顿，又补充道，“我相信你是个十分难得的策划人才。只是，我想提醒你，人的精力是有限的，想要面面俱到，是不现实的。专心做广告策划，你的前途无量。写小说就当成业余爱好吧。要记住，人生目标不能太多，一辈子若是能把一件事做得出色，已是很大的成功了。”

小王觉得很受用，常常以这次的谈话鞭策自己。两年后，他成了公司的广告策划总监。

通常情况下，人们对生活的迷失，都是因为想要的太多从而一时达不到目标。因为目标太多，很多人不能很好地分配精力和时间，也就错过了许多近在咫尺的成功机会。

很多成功人士，之所以能够成功，都在于能够专注于一个目标，并朝着这个目标不断努力：比尔·盖茨心系软件开发，最终成为世界巨富；美国发明家乔治·伊斯特曼致力于研究照相技术，发明了柯达胶卷，为人类带来了超乎想象的乐趣……

每天花一点时间，问问自己，内心真正想要的是什么，把精力集中在你感兴趣、让你快乐的事情上，专心地做一件事，自然就会收获更多的成果和快乐。

法国马赛有一位警察，名叫多梅尔。有一次，为了缉捕一名罪犯，他查阅了十几米高的文件档案，打了30多万次电话，足迹几乎踏遍了四大洲，行程达80多万公里。经过52年的漫长追捕，他终于将罪犯捉拿归案。此时，多梅尔已经73岁了。

有记者问他："您认为这样做值得吗？"

"一个人一生只要干好一件事，这辈子就没白过。"多梅尔坚定地说。其实，当初多梅尔接这个案子时，也许并没有想过这会成为自己矢志不渝、奋斗终生的目标。一开始，他或许只把它当成普通案件，履行自己作为一名警察应该履行的职责。然而，随着案情一步步深入，执法者的高度责任感和使命感使他再也无法做到袖手旁观。也是从那时候起，多梅尔开始把缉捕罪犯作为自己的终生目标。

18000多个日日夜夜，当年意气风发的昂扬少年如今已经垂垂老矣，经过52年的漫长耕耘后，多梅尔终于有了收获。当多梅尔把手铐铐在同样年老的罪犯手上时，他兴奋得像个孩子："受害者终于可以瞑目了，我也终于可以退休了！"

人的一生是短暂的，一辈子若能真正做好一件事，就已经很了不起了。

懂得放弃，才能走得更远

很多人会觉得放弃很丢脸，但很多时候，放弃，不仅是一种选择，更是一种智慧。只有懂得放弃，才能够卸下肩膀上沉重的包袱，轻装上阵，走得更远。

人生必须有舍有得：要想得到持续的掌声，就必须放弃眼前的虚荣；要想得到更多的财富，就必须舍弃蝇头小利。要知道，放弃了蔷薇，还有一地的玫瑰；放弃了小溪，还有奔流的大江；放弃了一棵树，还有整片森林；放弃了一颗星星，还有一大片天空。放弃，有时候并不是失去，反而是一种获得。

我们频繁地追求很多东西：财富、权力和荣誉等，这些东西就像是身上的赘肉，让人感受到许多压力。在面对金钱、成就、权力、利益、面子、学识等东西时，很多人都难以放下，觉得一旦放弃了就意味着失去，却未曾换一个角度想过，选择放弃，也许能得到更多意想不到的收获。

利奥·罗斯顿曾是好莱坞历史上最胖的男演员，有一次他在演出时突然发生心力衰竭，被送进急救中心。医生们拼尽全力，也没能够挽回罗斯顿的生命。他在临终前说了一句话，让在场的哈登院长深有感触，他说："我的身躯很庞大，但人的生命需要的仅仅是一颗心脏！"

为了表达对罗斯顿的敬意，同时能够警示众人，院长就把这句富有哲理的话稍加修改，刻在了医院大楼的墙上。

而这句话也默默地影响了很多人，比如亚蒙·哈默，当初因为工作繁忙导致心力衰竭，也住进了这个急救中心。哪怕是住院，亚蒙·哈默也还在处理公司的诸多事务，几乎是把公司搬进了医院，他包下了医院的一层楼，增设了用于联系事务的五部电话和两部传真机。

在医护人员的精心护理下，亚蒙·哈默渐渐康复了。不过，出乎所有人的意料，亚蒙·哈默在出院后并没有继续亲自打理他的石油帝国，而是卖掉了公司，跑去乡村买下一栋别墅。他之所以做出这种改变，正是因为看到了刻在医院大楼上的罗斯顿的遗言——“你的身躯很庞大，但人的生命需要的仅仅是一颗心脏！”

在自传中，亚蒙·哈默写道：“富裕和肥胖没有区别，它们只不过是超过自己所需要的东西罢了。”

显赫的名利不过是束缚自身的枷锁，生命就像是一艘小船，能承受多少负荷呢？生死抉择面前，又有什么能比生命更重要呢？人的一生，应该过得轻松而快乐，如果放弃一些权力、财富，就能换来健康的身体，这样的放弃是一种智慧。

印度诗人泰戈尔在诗里写道：“当鸟翼系上了黄金时，这鸟就飞不远了。”只有理智地放弃，及时下车，才能避免在错误的方向上一再行驶。枯叶放弃树干，是为了迎接春天的葱茏；河流放弃平坦，是为了能够回归大海的怀抱；蜡烛放弃完整的身体，是为了给世界带去光明；而我们只有放弃喧嚣，才能拥有一片宁静。

放弃是一种智慧，也是一种勇气——拿得起，更要放得下。

年轻时设计梦想，成年后提升梦想

许多人在谈起自己的梦想时，常常都会说“等有钱了吧”“等再大一点再说吧”。然而，在人生旅程中，我们会遇到越来越多的诱惑和挑战，那些残酷的现实会让我们产生妥协、退让的心理，使我们从此不再拥有梦想。

在确立目标时，阿诺德·施瓦辛格没想过成为政治人物或进入影坛，他最开始的目标只是成为健美明星。而施瓦辛格喜欢运动，又有足够的毅力，于是就坚持不懈地锻炼下去，积累了一段时间后，有了出色的表现，也就实现了自己的第一个目标。

当施瓦辛格在运动领域成为健美明星后，凭借逐渐积累的名气和人气，他开始进军影坛，而后又凭借他的灿烂光芒和良好声誉，为自己进军政坛创造了条件。

就这样，施瓦辛格不断提升自己的目标，不断前进。他的目标看似都很大，但其实都是通过一段时间的努力能够实现的，不是看得见、摸不着的水中月。

中国的电影经常讲帝王将相的故事，而美国的电影很多都在讲述未来世界，以至于现在很多时候，我们常常是通过美国人的视角和思维方式了解宇宙和未来世界的。不难发现，电影也凸显了美国人面向未来的习惯和能力。

有一位业绩出色的推销员叫黑泽，他心中一直有一个愿望，那就是希望能跻身公司业绩排行榜的前几名。不过，这个愿望他一直放在心里，并没有真正去争取过。就这样过了三年，有一天，黑泽读到了一句话："如果让愿望更加明确，迟早会有实现的一天。"

读到这句话的当晚，黑泽就为自己设定了期望的总业绩。那天之后，不论发生怎么样的状况，他都会把自己设立的明确数字作为目标，并且总能够按期完成。

谈起自己的目标，黑泽说计划里还包括自己想得到的地位、收入、能力等。因此，他详尽地记录了所有客户的资料，还努力累积相关知识。年尾时，黑泽的业绩创造了空前的纪录。

"我觉得，目标越明确，越能感到自己对达成目标的强烈自信与决心。以前，我也考虑过要扩展业绩、提升自己的工作成就。但我从来只是想想，没付诸行动，所以所有的愿望都落了空。自从我设立了明确的目标，并为实现目标而设定具体的数字和期限后，才真正感觉到一股强大的动力正鞭策我达成它。"

美国到底是凭借什么力量如此强大的？原因也许有很多，但在众多因素里，你一定会发现美国文化里有一个一贯坚持的元素——永远怀有梦想。

当你的目标渐渐实现时，别满足于当前的目标，不断提升你的目标，才能永远怀有梦想。

简单做人，简单生活

听很多同学说起过，从学校毕业走向社会之后，他们变得异常失落，因为社会实在太复杂了，而渺小的自己活得实在是太累了。生活当中，几乎处处都有人生的难题，需要我们不断地去破译、去求证、去解答……可问题是，人们本身的智慧和力量毕竟有限，面对生活的大网和一团乱麻的人生，往往显得力不从心。

人生本就是多选题，有很多种选择，这也意味着我们有很多种活法，只是我们往往过于追求完美，把原本简单的事情复杂化，因而常常把自己搞得疲惫不堪，步履维艰。其实啊，人生当中的很多小困难，往往被我们自己夸大了，那些简单的问题因为被人为地附加了不必要的步骤而变得异常复杂。

卡耐基笔下的美国作家荷马·克洛伊分享过一个关于他

自己的故事。

他过去写作时，因为住在纽约的公寓，经常被纽约公寓热水器的响声吵得快要发疯。有一次，他和几个朋友出去露营，当他听到木柴燃烧发出的响声时，突然想到，这些声音和热水器的响声一样，为什么自己会喜欢这个声音而讨厌那个声音呢？露营回去后，荷马告诫自己：火堆里木头的爆裂声很好听，热水器的声音也差不多，他觉得自己完全可以蒙头大睡，不理会这些噪声。在告诫完自己之后的头几天，他还会注意热水器的声音，可过了不久，他就完全忘记了。

美国作家亨利·戴维·梭罗有一句名言，让我很有感触："简单点，再简单点！奢侈与舒适的生活，实际上妨碍了人类的进步。"的确，当生活上的需要简化到最低限度时，反而会更令人觉得充实。

对待得失，不妨简单点。简单不是粗陋、做作，而是真正大彻大悟后的升华。生活对每个人都是公平的，有得就有失，有失必有得。简单做人，简单生活，"塞翁失马，焉知非福"！

听过很多寓言故事，其中有一个我记得很清楚。

有一个年轻人四处寻找摆脱烦恼的秘诀。一天，他走到山脚下，看到绿草丛中有一个牧童正在悠闲地吹笛，逍遥自在极了。年轻人觉得自己找到了没有烦恼的人，急忙上前询问：“你那么快活，难道没有烦恼吗？”

牧童点点头，说：“对呀，骑在牛背上，笛子一吹，什么烦恼都没了。”

年轻人向牧童借了牛和笛子，试了试，但是，烦恼还是在。所以他只好继续上路，继续寻找。这一天，他来到小河边，看到一个老年人正在专注地钓鱼，神情怡然，面带喜色，他又觉得自己找对人了，就又上前问：“我想知道您如此投入地钓鱼，心中难道没有烦恼吗？”

老年人回答说：“对呀，我只要静心钓鱼，什么烦恼都忘记了。”

年轻人也上前试了试，可是烦恼依旧还在，他实在不甘心，只能继续往前走。

后来，年轻人到了一个山洞，他遇见一位面带笑容的长者，他停下来，向对方讨教摆脱烦恼的秘诀。

长者笑着反问：“我想问你，有人捆住你了吗？”

年轻人回答：“没有啊！”

长者说：“既然没有人捆住你，又谈何摆脱呢？”

年轻人想了想，顿时恍然大悟，所谓的“烦恼”，正是被自己设置的心理牢笼所束缚了。

我们都能够看到，在生活当中，太多人在悲叹生命的有限和生活的艰辛，却只有少数人能在有限的生命中活出自己的快乐。一个人快乐与否，主要取决于心态，只要内心简单，生活的天空就会一片光明。

第二章

长大了是很累，但也很爽

生命从一开始就在倒计时

仔细去想，人其实从出生开始就进入了倒计时，一步步走向终点，走向命运的尽头。而出生后的我们，只有学会为生命倒计时，才能真实圆满地过完这一生。

假如我们可以活到100岁，换算成秒，也就是100年=100（年）×365（天）×24（小时）×60（分）×60（秒）=3，153，600，000秒。具体而言，也就是从出生那刻开始，到第3，153，600，000秒到来时，就是我们离开这个世界的日子。生命一旦用数字来衡量，无论这数字多么庞大，得出的结果都不免使人心头一紧。用数字记录生命，可以让我们对时间有一个新的认识。

这样，我们就可以把生命比作一个时钟，它时时刻刻都在不停地往前走，无论你的地位如何尊贵，薪水如何丰厚，智慧如何过人，都无法让生命的指针停止，更无法让它发生逆转。

我在车上听过一期电台谈话节目，节目的主持人通过无线电波讲了一个自己的故事。说他刚毕业的那一年，随便找了一份工作，整日过得浑浑噩噩的，朝九晚五，按时上下班，一到休息日，就在家里消磨时光。直到有一天，他的朋友请他去做客，他发现朋友的家中摆着几个玻璃瓶，玻璃瓶里装了很多硬币，就问："这些硬币是做什么的？"

朋友笑了笑，说："一枚硬币代表着我的一天。有一天，我把自己剩余的时间换算成了一枚枚硬币，每过一天，就从瓶里拿出一枚硬币。当我看到日渐减少的硬币，我就能感受到生命在流逝，时间在减少，我就会比以前更关注重要的事了，而那些微不足道的烦恼我就不在意了。只有看到自己在世间的日子所剩无几时，才能真正感觉到时间紧迫。"

"你怎么知道自己还能活多少年？"

朋友语重心长地说："我最开始给自己设定的生命是60年。如果60年过去，最后一枚硬币也被我扔掉了，那就说明还有剩下的时间，那就是上帝对我的恩赐！"

听到这儿，这位主持人心中一片清明，连晚饭都没吃就匆匆离开了朋友的家，直接去了杂货铺，为自己换了几罐硬币。

一枚硬币代表一天，用玻璃瓶中的硬币代表剩下的日子，十分简单明了，不用浪费大量的时间去思考生命中到底还剩下多少时光，也不用绞尽脑汁去想自己浪费了多少过往。人生的时钟，每分每秒都在走动。一些细心的人会注意到时间的分秒变化，从而不断提醒自己，生命毕竟有限，就应该在有限的时光中创造无限的价值。而那些粗心的人，常常意识不到时间在流逝，那些把“来日方长，为时不晚”等自我安慰的名言挂在嘴边的人，最终只会一事无成。

每个人都是赤裸裸地出生，又赤条条地离开，真正能够在世间留下的，其实只有这段记载了辉煌与荣辱的岁月。如果生命的指针还没有停下，我们要学会好好珍惜，努力迎接每个即将到来的美好，不要在许多无谓的烦恼和耗费生命的琐事上浪费时间，浪费大好年华。

有时候，试着把刻有数字的生命时钟带在身边，听着指针“嘀嗒嘀嗒”地走动，或许才会对生命有更为深刻的了解。

坦然地面对成长中的风霜雨露

现在有很多成年人喜欢过儿童节，他们常说希望自己“永远不要长大”，在我听来，有点无奈也有点伤感。的确，生活当中，我们会遇到许多令人恐惧和害怕的事，虽然这些事也许并不十分危险，但可能会让我们达不到目的地。生命的本质是美好的，外界的一切纷扰不过是过眼云烟，多给自己一些尝试的机会吧，让“逃避”这两个字从内心彻底消失，成就属于自己的精彩人生。因为，逃避只能暂时麻痹自己，不能解决任何实际问题。

我们都熟悉彼得·潘，一个在永无岛上永远长不大的男孩。他拒绝长大，并鼓励其他孩子也这么做，仿佛就像活在一个童话般美好的心愿中，无拘无束，自由自在。也许每个人的心底都住着这样一个“不想长大”的孩子，他逃避成长，拒绝成熟，任性地活在自己的小世界中，在静默的时光后冷眼旁观着世事变迁。

只是，即便不想长大的欲望再强烈，也没有人可以永远地拒绝长大。在成长的过程中，我们会离开原本的小圈子，进入陌生的环境中，心中单纯而美好的东西会一点点消退，最后剩下尘世纷扰。而当我们遇到一些不喜欢的人或不如意的事时，会感受到一种前所未有的恐慌，这时，内心的“彼得·潘”就自动跳了出来，最主要的表现是找各种理由逃避现实，躲在一个角落里，偷偷地盯着外界的一举一动，希望能够摆脱不如意，摆脱不幸福。只是，逃避是一时的，暂时麻痹自己，根本解决不了任何问题。我们以为能够通过逃避减轻痛苦，而那些解决不了的问题会随着时间慢慢化解，其实不会的。当我们从自己制造的“保护壳”中向外观望时，问题依旧存在，时间并未因你的逃避而停止。

从前有一只蜗牛，它从出生开始就住在一棵干枯的桑树里。有一天，阳光普照，温度适宜，蜗牛小心地从桑树里伸出脑袋，看了看，而后慢慢吞吞地沿着树干爬到地面上，把一小节身子从蜗牛壳里伸出来，懒洋洋地晒起了太阳。这时候，一群蚂蚁正一队接着一队地从蜗牛身边走过，匆匆忙忙地劳动着。看到一群蚂蚁在阳光下来回走动，生活很有奔头，蜗牛不觉有些羡慕，于是，它对蚂蚁说："嘿，蚂蚁老弟，你们在劳动呢？真好，我真羡慕你们啊！"

有一只蚂蚁停下手中的活儿，仰着头对蜗牛说："来吧，朋友，跟我们一起出去走走吧！"

蜗牛听了蚂蚁的话，不由自主地把头往蜗牛壳里回缩，神态有点惊慌："不不不，你们是要到很远的地方去吧？我不能跟你们一起走。"

那只蚂蚁奇怪地问："为什么呢？难道你走不动吗？放心，我们中途会休息的。"

蜗牛犹豫了半天，吞吞吐吐地说："我从小就没有离开过家。离家远了，天气热的时候，怎么办啊？要是下雨了，又怎么办？肚子饿了呢？天哪，路上有那么多困难……"

那只蚂蚁听了，无可奈何地摇摇头："如果你总是害怕这样害怕那样，那我觉得你只能躲到你的硬壳里了！"刚说完，那只蚂蚁就又重新干起活儿来，匆匆追赶大部队去了。

蚂蚁说的话，蜗牛其实并不怎么在乎。不过，它的内心很想到远处去看看。思考了很久，它终于鼓起了勇气，大着胆子跨出了第一步。但就在这时，半空中落下了几片叶子，掉在地上时发出了轻微的响声，蜗牛听到后吓了一跳，急忙把身子缩回到蜗牛壳中。过了好久，外面好像没有了动静，蜗牛才敢小心翼翼地把身子伸到外面，它看到外面一片宁静，依旧风和日丽，并没有发生什么事情。

蜗牛看了看蚂蚁行走的方向，它们已经走得很远了，看不见了，蜗牛悠悠地叹了一口气，说：“唉，我真羡慕你们啊，只可惜我不能和你们一起走。”说完，它慎重地伸出自己的小半个身子，懒洋洋地晒起了太阳。

生活在世界上的我们，也有像蜗牛一样的壳，那是我们保护自己的盾牌，也是我们用来逃避外界一切困难和烦恼的避风港。然而正是这个温和的避风港，让我们安心地享受在其中的舒心与安逸，从而绊住了自己前行的步伐，错过了世间的美好和繁华。

当风无法吹到自己，雨也淋不到自己，生活日复一日地重复，我们便会错过最美丽的瞬间。

就算我们对命运深怀恐惧，却仍然无法拒绝长大，正如生命的时钟永远不可能停止转动一样。彼得·潘的童话只是一个梦，一个距离真实世界十分遥远的梦，如果我们沉浸在这个梦里，只会失去更多宝贵的东西。生活总要继续，我们能躲避一时，却逃不开一世。与其忐忑不安，不如直面内心的恐惧，坦然面对成长中的风霜雨露，体悟生命中真正的圆满。

错过的让它错过，相逢的还是会相逢

现实当中，很多人会沉浸在过去的伤痛中无法自拔，记得台湾地区漫画家几米说过：“错过的人错过了，相逢的人还会再相逢。”没错，过去对每个人来说其实都是一种经历，如果背负了太多的过往，则无法为更好的未来留一席之地。因此，只有学会放下过去，轻装前进，才能收获更多的东西，赢得更好的未来。毕竟，人的承受能力有限，如果将一生所得都背负在身，哪怕有一副钢筋铁骨，也会被重担压倒在地。

不得不承认的是，我们很难把过去的辉煌和曾经的痛苦从记忆中抹去，因为不愿意忘记自己的优秀和失败。只是，无论过去承载了多少财富、名利，还是哀伤、遗憾，都木已成舟，完全没有更改的余地。真正聪明的人不会在不能更改的过去里百转千回，死拽不放，而会把目光投向更广阔、更值得期待的未来。

马云在2013年选择辞任阿里巴巴首席执行官，这不是急流勇退，而是对自己的未来有着明确的打算：“我要建一所学校，培养中国民营企业家的学校。”

马云曾经谈到“商业的未来”，原话是这样的：“我是94年（1994年）年底开始做互联网，那时候很多人不知道互联网是什么，做任何事，今天会成功的事情，我不会做。10年后成功的事情，我会特别有兴趣，因为坚定了方向，一步一步往前走。”他还说：“我觉得我脑袋小，所以要记很多东西很困难，所以记得快，忘得也快。有的人可以记得清清楚楚，但是我就是老记不住。”但是，马云坦言自己对5年以后、8年以后、10年以后要做的事情特别有兴趣。因为昨天的事大家拼的是记忆，未来的事大家拼的是想象，想象要的是理想和现实的结合。

而马云最让我佩服的是他对自己之前获得的成就，并未沾沾自喜，在选择遗忘过去成就的同时，他更希望自己的未来能有所作为。

很多国家都有许多关于不要执着于过去的名言，英国有句话说：“过去属于死神，未来属于你自己。”宗杲禅师也曾用“红炉焰上雪花飞”比喻人生之迅忽、生命之短暂。生命，就是一张单程车票，有去无回，虽然你在旅途中体验过无数苦辣酸甜，但真的没必要让过去的事束缚自己的手脚。毕竟，不管过去有什么怨恨和憎恶，过去了就是过去了，永远不可能追回来，未来的生活还是要继续。与其无法释怀，不如彻底忘记，未来一定会更美好。

在国外一所小学里，有一位女教师是26个不良少年的班主任。他们很顽皮，女教师为了改变他们，为他们出了一道选择题，希望他们在3个候选人中选出一位日后能成大器的人。第一个候选人有两个情妇，有多年的吸烟史且嗜酒如命；第二个候选人曾两次被赶出办公室，每天中午才起床，每晚要喝约一升的白兰地，且有过吸食鸦片的记录；第三个候选人曾是国家的战斗英雄，一直保持素食的习惯，不吸烟，偶尔喝点啤酒，年轻时从未做过违法的事。

26个人都选择了第三个人，女老师最后公布了答案，出乎大家意料的是，前两个人都是为自己的国家做出过重大贡献的伟人，第三个人却是法西斯恶魔阿道夫·希特勒。

女教师在公布答案之后，说道："过去的荣誉和耻辱只能代表过去，真正能代表一个人一生的，是他现在和将来的作为。从现在开始，努力做自己一生中最想做的事，你们都将成为了不起的人！"正是这番话，改变了26个孩子一生的命运。

很多时候，我们常感慨于那些令我们感觉到震惊的话，就像新东方的创始人、北大名人俞敏洪曾在演讲中说："同学们，你们要记住一个真理——生命总是往前走的，我们要走一辈子。我们既不是只走过大学四年，或研究生，我们要走一辈子。可能走到80岁、90岁，虽然走到80岁、90岁时，人生到底怎么样你是不知道的，你唯一能做的就是要坚持走下去。所以我非常骄傲地从一个农民的儿子走到北大，最后又走到了今天。”是呀，生活总在继续，只要自己愿意，不管过去有多少不堪的经历，我们都应该轻松转身告别。实在不需要为了过去而叹息和止步不前，我们要不断接受新的事物和观点，挺起胸膛，坚强地迎接灿烂的未来。

兴趣这玩意儿，不认真你就输了

见过很多兴趣爱好众多的人，却也发现他们在生活中有着率性而为的习惯，一般想到了什么就立刻动手去做，从来不会衡量轻重，最明显的特征就是三分钟热度。

我有个小学同学，从小到大的想法总在不停变化。小学的时候，她说她想当运动员，于是就参加了校内田径队选拔，因为身体素质还不错，侥幸通过了。不过当她知道田径队员每天必须比别人早半小时到学校训练时就放弃了，因为她实在不愿意放弃睡眠。

初中时，她遇到一个年轻漂亮的英文老师，这激发了她学英文的兴趣，她产生了当外交官的想法。只是，一边是需要掌握越来越多的单词和短语，另一边是玩乐的诱惑，渐渐地，她的英文发音很有汉语味儿，并且连基本的时态变化和各类语法的运用，她都无法掌握。

到了高中，她的想法又变了。她想拥有一间位于海边的浪漫咖啡厅，也想成为一个正义化身的律师或者知名画家，于是经常同时展开多项兴趣学习，但又没有坚持到底。

上大学之后，她一开始选择了化学系，不过因为一堆难懂的方程式和专业原文书，她又选择了放弃，紧接着转到商学院就读。学了一段时间，她觉得十分枯燥乏味，于是选择了休学，因为她觉得与其学一堆没用的知识，不如早点步入社会，赚钱养活自己。

步入社会后，她的工作换了一个又一个，要么是因为不想看老板脸色，要么是因为和同事难相处，最后，她索性自己去当老板。可是，当了老板之后才发现生意难做，事情又多又烦琐。于是，她又将店铺转让给别人，草草结束了经营……

许多成功人士，大多只会专注于一项兴趣，并以此为乐，享受这项兴趣带来的成就，最终在享受美好人生的同时也获得了成功。而那些失败的人，是在做事过程中遇到阻碍或需花大量时间、精力解决问题时，就立刻懒惰起来，甚至干脆放弃，另找“更有兴趣”的事，重新开始。

培养兴趣，必须坚持专注，发掘自己真正的兴趣所在，试着在兴趣上培养专注力，制订阶段性目标并努力达成。

要改变三分钟热度的懒惰基因，试着一次只做一件事，直到完成阶段性的目标为止。所谓“一次只做一件事”并不是指“每次只能做一件事”，而是“坚持专心地做一件事”。当下社会发展步伐加快，每个人的工作或学业都十分繁忙，可是即便这样，那些成功的人在面对繁多的事务时依然能够游刃有余。仔细观察他们做事的态度、方法，我们不难发现，他们在做事的过程中总是非常专注。

如果看不清未来，那就努力做好现在

每个人都期盼未来，可是未来不容易看清楚，努力做好现在才是最重要的。把眼前的事情做好，机会自然会来，毕竟，过去的事已经无法更改，未来取决于现在。

帕特·奥布瑞恩在正式踏入影视界之前，只是一名默默无闻的话剧演员。有一次，他进行了一场名为《向上，向上》的话剧表演。在话剧表演之前，帕特对自己很有信心；在过程中，帕特也表演得很到位。只是，观众对他表演的剧本并不感兴趣。他第一次演出时，剧场里只有不到三分之一的观众，后面几次演出，观众更是越来越少。剧团由于收入难以维持本身的支出，再也租不起大剧院了，只好搬到了一个偏僻、廉价的小剧院里。

可想而知，在这样的地方，观众比从前更少了，门票的收入也更少了。话剧演员的薪水也越来越微薄，那段时间，剧团里时时刻刻都蔓延着一种消极的情绪。包括帕特在内的话剧演员们都感觉自己的前途一片渺茫，很多人表演时不再像以前那么卖力了，有些话剧演员甚至做好了离开剧团的准备。不过，即使所有人都在埋怨时运不济，帕特却一如既往地卖力演出，即使只有一位观众，他也会全身心地投入到表演当中。

有一天，剧团来了一位陌生的观众，他坐在第一排看表演。表演结束了，那位观众站起来，热烈地鼓起掌来，帕特原以为他只是一名普通的观众，但没想到这位观众走上台，握住帕特的手，自我介绍道："我是刘易斯·米尔斯顿，我很欣赏你的演技和专业精神，请问你有兴趣参与我新电影的拍摄吗？"

帕特万万没有想到，站在面前的"观众"居然是大导演刘易斯·米尔斯顿。从此，帕特开始在影视界崭露头角，并成了很受观众喜爱的电影演员。

活在当下时，没有过去的事拖着你，也没有将来的事拉扯着你向前，你能做的就是把自己全部的时间和精力都集中在当下，全身心地投入生活，生活就会表现出一种强烈的张力。

许多人喜欢预支明天的烦恼，想早一步解决它们，但明天如果真的有烦恼，今天你是无法解决的，每天都有每天的人生功课要交，不妨先努力做好今天的功课吧！一个人，如果时时刻刻将力气耗费在未知的未来，对眼前的一切视若无睹，那么永远也得不到快乐。

有一位作家说过："当你存心去找快乐的时候，往往找不到，唯有让自己活在'现在'，全神贯注于周围的事物，快乐便会不请自来。"人生的意义，其实很简单，不过就是嗅嗅身旁绮丽的花，享受一路走来的点点滴滴。

毕竟，昨日已经翻篇，明日尚不可知，只有"现在"才是上天赐予我们最好的礼物。

你可以一无所有，但不能一无是处

很多时候，我们觉得自己“一无所有”，但一开始可能是迫于无奈，我们希望终有一天能够通过自己的努力和奋斗走出困境。如果你一直处于“一无是处”的困境里，那只能说明你太过懒惰无能。

一滴小小的水滴，看上去力量薄弱，可是通过长年累月的坚持，它却能滴穿坚硬的石头。人也是一样的，在困难面前，虽然恐惧是不可避免的，但只要有水滴般的韧性，在追随自己内心的道路上，不抱怨、不放弃，最终就能走到心中的目的地，遇见最好的自己。

曾经有一个著名的推销员，即将告别职业生涯，有很多同行希望他能够传授一些推销保险的秘诀。

推销员答应了，他专门办了一场演讲，演讲台上摆了一个大铁球和一个大铁锤。这时，推销员请了两位身强力壮的年轻人上台，希望他们用大铁锤敲打吊着的铁球，让它荡起来。其中一个年轻人抡起大锤，用尽全力向吊着的铁球砸去，但铁球却动也不动。另一个年轻人接过大铁锤，把吊球打得叮当响，但铁球仍然一动不动。观众都笑了，大家都认为是因为铁球太大，所以敲不动。

这个时候，推销员从口袋里掏出一个小锤子，对着那个巨大的铁球，认真地敲了一下，然后停了一会儿，再敲一下。观众奇怪地看着推销员不急不躁地敲一下停顿一下，不断重复着这样的动作。10分钟过去了，舞台下方开始骚动；20分钟过去了，舞台下方的观众更躁动了，推销员不为所动，一锤一停地继续敲。

40分钟过去了，坐在第一排的一个年轻人突然喊了一声："球动了！"一刹那，会场鸦雀无声，观众聚精会神地看着那个铁球。那个铁球以很小的弧度摆动起来，不仔细观察很难被察觉。铁球在推销员一锤一锤的敲打中越荡越高，铁球拉动着铁架子，发出"吱呀""吱呀"的声音，以巨大的威力震撼了在场的每一位观众。

推销员收起锤子，慢慢放进上衣口袋，缓缓地说："这就是我这么多年来的秘诀。坚持肯定会有收获的，但这个过程，只有有耐心的人才能坚持下来。"

这就是所谓的"蝴蝶效应"。

世界上很多人的成功都不可能是一蹴而就的，都需要通过日积月累的坚持，才有获得成功的可能。所谓的坚持，其实是一种不放弃的毅力，说起来简单，但做起来很难，而正因为是这样，能够真正品尝到成功滋味的人仅是极少数。人生的成功贵在争取，不论生活给了你怎样的磨难，只要你坚持不懈，成功最后一定会对你展露出笑脸！

第三章

你泼给我的冷水，我都会烧开

看你不顺眼的人，促使你不断完善自己

事实上，在现实生活中，我们发现总有人看我们不顺眼，喜欢用尖酸刻薄的话侮辱、刺激我们，而我们会轻易地把这样的人看成是敌人。不过，我们敌人的意见往往要比我们自己的意见更接近于实情。因此，当有人批评我们时，不要着急为自己辩护，要先冷静地仔细思考敌人的话是否正确，如果他们真的指出了我们本身确实存在的错误，我们应该感谢他们。

在职场中，上司或同事看我们不顺眼，有时候并非是无缘无故的，很可能是我们的能力不足，还有可能是我们在待人处世方面有所欠缺。

章姗刚进职场时，作为一只“菜鸟”的她觉得公司的前辈很讨厌自己，根本不给自己安排工作，连开会都会把自己当“透明人”。她想了很久，也想不明白这是为什么，每天惴惴不安。后来经过同事的指点才知道，原来自己在半个月前当着上司的面，指出了前辈方案中的缺陷。作为一个新人，她的行为不止伤害了前辈，还给人留下了“爱出风头”的坏

印象，导致同事都在孤立自己。自从知道了这一点之后，她虚心地改掉了缺点，同事关系才逐渐好转。

换一个角度去想，看我们不顺眼的人，很多时候会促使我们不断完善自我。因此，我们要学会正视他人的批评，有则改之，无则加勉，适时纠正自己，完善自己的人格。

德国近代地理学开创人之一——李特尔曾经被一位青年批评过，但是他完全不记仇，也不记恨那位鲁莽的批评者，反而把那位青年的文章推荐给一家著名的学术刊物，并且在公众场合表示了对那位青年的赞扬。后来那位青年来到了柏林，李特尔热情接待他，并为他安排了当时他急需的工作。

受人尊敬的学术权威，能如此对待不留情面批评自己的后辈，可见李特尔的为人和胸襟。

从李特尔的身上，我们也能发现，很多时候，和那些看我们不顺眼的人争得面红耳赤，不仅毫无意义，甚至还会招致非议，还不如表现得优雅些、大方些，毕竟自己做得好，没必要争；自己做得不好，就适时改正，并说声“感谢”。

西方有一句谚语：“恭维是盖着鲜花的深渊，批评是防止跌倒的拐杖。”虚心接受他人的批评，将批评视作一面矫正自我的明镜，才能够认识并改正缺点，从而提升自己。

别人都不看好你，你才有机会证明自己

在很多比赛中，我们可能会听到一个词——黑马。“黑马”是用来形容出乎意外的赢家。之所以出乎意外，是因为之前不被看好，最终却获得了令人艳羡的非凡成绩。

在生活中，每个人都希望自己可以取得辉煌的成就，满心期待着自己的风度学识、歌喉舞姿，或者更多特质，能得到别人的认可和掌声。不过，在得到掌声之前，我们很可能会受到他人的讥讽和嘲笑。这时候，不能自怨自艾，而是应该证明自己。

在西点军校考试的前夜，道格拉斯·麦克阿瑟非常焦虑，他害怕自己落榜，害怕自己考不上。这时候，他的母亲走进来，安慰他说：“儿子，你必须相信你自己，为自己鼓掌。抛弃内心的怯懦，给自己信心，你就一定能赢。即使最后没有通过，但你知道自己已全力以赴，也就没有遗憾了。记住，儿子，没人给你鼓励，就自己给自己鼓掌；无人相信你时，正是你证明自己的时候。”

这些话，给了麦克阿瑟极大的鼓励与支持。当晚，他安

心地睡下了，第二天，他满怀信心地走进考场，并以优异的成绩考上了西点军校。这是自信的力量，而这种自信陪伴着他走了很久，让他取得了一次又一次的胜利，最后成为美国历史上著名的军事家。

很多时候，别人是否看好我们，凭借的是第一印象，也就是说，不是基于对我们能力的了解，而是通过教育背景、社会地位、经济状况等外在特质进行的判断。因此，这种判断往往不正确、不客观，这时，我们没有必要太看重他人的眼光。

拿破仑·波拿巴说过："一个人应养成信赖自己的习惯，即使在最危急的时候，也要相信自己的勇气与毅力。"在我们前行的过程中，大多数人都只能在镁光灯背后呢喃或独白，没有太多的人给予我们关注与在意，也没有人时刻给予我们簇拥的鲜花和热烈的掌声。这时，不要觉得失落，要知道，这才是我们默默付出、暗自努力的最佳时机。

出生于京剧世家的梅兰芳，从小耳濡目染，非常喜爱京剧。八岁的时候，他向家里提出了拜京剧大师学艺的请求，家里人答应了，开始帮他物色师傅。不过，梅兰芳学的是旦角，男孩子学旦角，唱、念、做、打，都要模仿女性，所以刚开始时，他入门很慢，一出戏师傅要教很长时间，但他还是没有学会。

师傅耐不住性子了，去找梅兰芳的父亲，直截了当地说："这孩子不行，不是块唱戏的材料啊。"父亲听完，就将师傅的话直接告诉了梅兰芳。

梅兰芳听了，心里非常难受，不过他并没有因此气馁。他自己知道，越是被否定，就越要证明自己。当心中的这股倔强劲儿上来，梅兰芳下定了决心，决心学好唱戏，没人教，那就自己学。

没过多久，梅兰芳的京剧师傅就又跑来告诉梅兰芳的父亲："唉，这孩子的眼睛是'金鱼眼'——无神啊!"

梅兰芳知道后，就养了几只鸽子。当鸽子飞起来的时候，他就紧紧盯着飞翔的鸽子，苦练眼神。渐渐地，梅兰芳的双眼变得有神了，身边的人都说他的眼睛会"说话"了。

通过刻苦练习，梅兰芳由当初"不是块唱戏的材料"成了名角，还成了独创一派的艺术大家。

其实，每个人都是颗晶莹闪烁的水晶球，有些人听到别人说自己"不够闪烁、不够漂亮"，就会从此黯然无光。不过，那些肯定自己的人，不会因此放弃自己的光芒，而是紧紧抓住机会，将世界五颜六色的光，折射到自己生命的各个角落。

人生没有否定，比没有肯定更可怕

俗话说："不蒸馒头争口气。"越是有人落井下石，越是要激励自己，努力奋进：咬紧牙关，想出办法，挺过困难。

战国时期，苏秦出身农门，师从鬼谷子，只是，他出游数年，却一无所成。游学归来后，他遭到了亲友的讥讽，"妻不下纴，嫂不为炊，父母不与言"。这时，苏秦下定决心做一番大事业，他开始闭门读书，困了、乏了就用锥刺股。过了几年，苏秦以精彩的辞令劝说六国联合，最终身佩六国相印。

正如苏秦一般，当我们深陷困境时，不可一味消沉、自暴自弃，而应该以最快的速度挺直腰杆儿，用自己出色的能力，有力地回击那些无聊又可笑的非议和妄言。

小时候，我很羡慕那些在众人瞩目下成长，一举一动都被关注，从小到大都被鲜花和掌声包围的人。长大后却发现，这样的人在成长的过程中很容易走向两个极端，要么被盛赞带来的压力拖垮，要么因此骄纵无比，最终一败涂地。

我们需要否定，被否定固然是一件痛苦的事情，但没有否定，就很容易走上自负、忘我的歧途。当然，在别人的否定声中，一些人会就此沉沦，而另一些人却能选择坚守。前者可能就此平庸，而后者则在他人的否定中锻炼了意志，找到了属于自己的成长路径。

美国有一位大学生，名叫马丁·库帕，大学毕业后一直找不到工作。实在走投无路了，身为无线电爱好者的他想到了自己的偶像——无线电界的资深人士尤尔·恩格尔。他想，如果自己能够成为尤尔的助手，一定能学到很多东西，日后也能取得非凡成就。

只是，当他找到尤尔，说自己不需要任何待遇就愿意给正在研究无线电话的尤尔当助手时，尤尔却粗暴地打断了他的话，说道："你哪年毕业的？干无线电多长时间了？"在得知库帕刚毕业后，尤尔毫不客气地下了"逐客令"。

时间到了1973年，库帕站在纽约街头，手里拿着两块砖头大小的无线电话，他打了一个电话给尤尔，说："我正在用一部便携式无线电话跟您通话。"尤尔没有想到，当年被自己拒之门外的青年马丁·库帕居然赶在自己之前发明了移动电话。

成名后，有记者采访马丁·库帕，问道："如果当时您成了尤尔的助手，您肯定会协助尤尔完成手机的研制，而这一功劳也肯定属于尤尔了，对吗?”

马丁·库帕摇摇头，说：“不，我觉得如果当时尤尔收留了我，我成了他的助手，也许我永远研制不出现在的手机。正因他拒绝了我，掐断了我想向他学习的念头，我才能开辟出一条研制手机的道路并获得了成功。我认为自己这几年走的路叫‘屈辱’——我把尤尔的拒绝当成自己前进的动力。如果没有这种动力，就算我跟尤尔联手，也不一定能发明手机。”

没有否定，就没有进步。否定，是压力，也是动力。有些人的确会深陷其中，但它能让坚持自我的人更加清醒。我们应该明白的是，人生本就是一个不断寻找自我的过程。很多人在年轻时都拥有美好的理想，但因为种种原因，掉队了、迷失了。成功像把石膏做成雕塑的过程，需不断修正才能得到想要的形状。无论是他人的否定还是自我否定，都是我们修正的动力。

只有不断修正、重新塑造自己的人，才能成为真正的强者。而否定，恰恰能让我们找到正确的方向，从而不断修正自我。

每个成功者也许都曾在黑夜里饱受煎熬：被拒绝、被轻视、被侮辱、被排挤……只是，我们不应该忘记，成功之前有一条道路叫“屈辱”，有一种力量来自否定。“良药苦口利于病，忠言逆耳利于行”，否定，就是良药，就是忠言，有利于我们治愈成功路上的种种病痛，从而走得更远，最终实现梦想。

嫉妒你的人，让你知道自己比他强

我有一个朋友，平时做人低调，和同事相处和睦，可在她完成了一笔大订单，得到老板的器重后，情况就完全不一样了。同事明褒暗贬地“夸奖”她，自从她的业绩提升后，中午吃饭的时候，就再也没人叫她一起了，不管什么活动也都不带她，大家热热闹闹的，她形单影只，完全成了“透明人”。

嫉妒这东西，就像是夏夜的蚊虫，挥之不去，时常搅得人心神不定、坐卧难安。嫉妒其实是人的本能，所以我们不要在意别人的嫉妒，更不需要时刻放在心上，选择适度自我反思就好，有则改之，无则加勉，把嫉妒和嘲讽当成是进步的动力。

不遭人妒是庸才，遭人嫉妒正说明我们有过人之处。这个道理早在三国时期就被李康在《运命论》中说过：

“木秀于林，风必摧之；堆出于岸，流必湍之；行高于人，众必非之。”

罗伯特·哈钦斯在30岁那年被芝加哥大学任命为校长，从未有一位如此年轻的全美知名大学的校长，这在美国教育界也可以说是史无前例。对此，老一辈的教育界人士纷纷提出质疑，对罗伯特·哈钦斯的能力和芝加哥大学的前景表示担忧。

祸不单行，全美的各大纸媒也纷纷加入了质疑行列，希望芝加哥大学重新考虑任命的问题。这些质疑和批评就像雨点一样打在罗伯特·哈钦斯的头上，严重影响了他的心情，就任初期，他就抑郁得想辞职。

这时候，哈钦斯的父亲告诉他：“儿子，他们说你的那些话我听过了，但我没觉得这有什么不好。他们越批评你，不就越说明你有本事吗？谁会去批评一个毫无能力的人呢？”

听了父亲的话后，哈钦斯豁然开朗，很快就摆脱了淤积在心中多时的阴霾，最终取得了骄人的成就。

哈钦斯的故事跟一句俗语很贴切——没有人会去踢一只死狗。我们被别人攻击、批评或打压，这其实也从一个侧面说明我们是有实力的。被别人嫉妒一点儿也不可怕，至少嫉妒我们的人，让我们知道自己的能力比他的强。嫉妒者不会承认自己能力差，只会冷言冷语地表达情绪。

海信集团董事长周厚健说过，当你比别人高出一点时，别人会嫉妒你；当你比别人高出一截时，别人会羡慕你；当你比别人高出一大截时，别人会依靠你。因此，面对别人的嫉妒，最好的办法是提升自己的能力，乞丐不会嫉妒总统，因为差距太大了。当我们的能力远超嫉妒者时，那些嫉妒就会变成崇拜。

有人利用你，说明你尚有被利用的价值

从本质上来说，人与人是相互利用的关系，相互利用，才能相互依存。我们经常说“互惠互利”或“互相帮助”，其实都是在提倡相互利用，相互利用就是相互满足对方的需要。如果我们总是不想被人利用，不肯为人所用，那我们就相当于是一个“没用的人”。

朋友之间尚且如此，职场上更是如此。如果我们在职场上，不想被淘汰，我们就得成为一个有“被利用价值”的人。

在职场上，很多员工都会有“被上司利用”的感觉，仿佛上司在利用自己的能力去帮公司获取更大的利润。的

确，上司是为了利用自己，但“被利用”的员工是为了得到晋升和加薪，为了获得更多的经验和技能。利用从来都不是单行道，而是双向的、相互的。

如果一名员工在领导的眼中已经完全没有了可以利用的价值，那么他面临的只有失业。职场本身就是残酷的，我们要保住自己的饭碗，获得一定的薪水和职位，就要认清自己的长处和短处，不断提升自己的“被利用价值”。

孙城长得很帅，仪表堂堂，在美国学习经济管理，专业知识也是一等一的好，而且他的性格也很好，再加上外语很棒，一回国，就被一家上市公司录用了，担任总裁助理。不过，这家上市公司的总裁是个“土财主”，工作了一段时间，孙城发现自己学的知识在这里根本行不通，他也有点看不上总裁。一来二去，总裁对他也不是很满意，直接把他调到了销售部门当业务员，工资也被降低了。

孙城很不开心，想要辞职。就在交接工作的那几天，总裁突然遇到了一桩跟美国人打交道的生意，总裁立马找了个翻译，翻译的语言虽没有什么问题，可涉及专业知识，翻译就捉襟见肘，没有办法沟通了。总裁这时候想到了孙城，急忙去找他。

孙城接到总裁的电话，不太想去，因为他觉得总裁是在利用他的能力，他气不过。这时候，孙城就跟朋友说了自己的疑惑，朋友听完后说：“我认为你应该去。别人利用你，说明你有被利用的价值。现在这个时代，我觉得‘利用’这个词已经不是贬义词了，能够被利用，是一个职场人能够在职场存活的最根本原因，这是一件值得庆幸的事。你可以让总裁看看，之前不利用你，是他的损失。”

孙城接受了朋友的建议，代表公司去谈判，结果很好，合同谈妥了，一签就是十年。之后，孙城的发展顺风顺水，他实现了自己的抱负，几年后成了这家公司的总经理。

在生活中，也是如此。这个世界是一个互相帮助的世界，你帮了我，我也帮了你；但这个世界也是一个互相利用的世界，我利用你的过程中，你也利用了我，我们各取所需，各有所得。

因此，当察觉到自己被利用了，不必难过，不必气愤，继续提升自己的价值吧，让更多的人来“利用”自己。

谁不是一边上当受骗一边茁壮成长

在没有步入职场之前，我们也许就听过来人说办公室里的斗争黑暗残酷，有心或无意多一句话，就可能有人遭殃。背黑锅、当“替罪羊”、被骂被炒……都不在话下。作为职场“菜鸟”的我们如果摊上这种事，也只能把苦水咽回肚子里。

带着这样的心理进入职场后，我们也慢慢发现，工作后的生活的确没有学生时代那么单纯美好了，利益纠纷多了起来，“心眼儿”也多了不少。被别人打“小报告”，内容全是捏造；熬夜找资料，却遭背后捅刀……此类被陷害的事，屡见不鲜。

在有利害关系、人际复杂的职场、商场和官场上，被诬蔑、攻击的事不胜枚举。受了委屈，被陷害后，千万不要忍让，应抓住机会证明自己的清白。

有一次，刘颖把自己的策划案交给上司，上司觉得非常满意。这时候，上司收到了一封邮件，说刘颖的创意抄袭了其他同事的。而且，整封邮件言之凿凿，上司就信了，并严厉地批评了刘颖。

毫无准备的刘颖，面对上司的不满与斥责，哑口无言，她没有办法证明自己的清白。更令她伤心的是，她后来才知道，发这封邮件的居然是自己在公司里的好姐妹。不过，虽然觉得伤心，但她从此有了防备。

在进行另一个项目时，刘颖表面上还是和“好姐妹”一起，但她留了一手——暗地里把自己做好的策划书悄悄交给上司。同样的事果然再次发生了，不过这一回，刘颖证明了自己的清白。

俗话说：“害人之心不可有，防人之心不可无。”有时候你的坦诚相待未必就能换取他人的真心。工作的时候，为自己备个份；别人主动帮你的时候，不妨先考虑对方的企图；多观察周围的人和事，万事多留心眼儿。

发现自己被陷害时，要冷静而非气急败坏；发现自己被骗了，不要咬牙切齿，最起码有了被骗的惨痛教训，我们就能不再轻易受到同样的欺骗。

被骗，很多时候是因为阅历太浅、过分轻信、欠缺警惕心。不经世事的人，总会把事情想得很好，对人世间的丑恶毫不设防，最后因为被骗，去憎恨欺骗或伤害过我们的人，其实毫无意义，不过是在惩罚和折磨自己。其实，我们不妨感谢这些欺骗者，毕竟他们的欺骗给了我们成长所需的经验教训，也让我们时刻提醒自己：决不可重蹈覆辙。

第四章

不是你愿意妥协，就会海阔天空

劳苦者未必功高

生活中，我们都会抱着希望，认为自己付出越多，收获也会越多。可有时候，越是这样想，我们就越不懂得合理地拒绝别人。

小时候，邻居伯伯的感慨给我留下了很深的印象，他说："我在单位工作了快20年了，就算没有功劳，也有苦劳啊！"那时候不懂事，觉得邻居伯伯好辛苦，他在工作中不辞辛劳、勤勤恳恳了一辈子，属于他的事从来不含糊，不属于他的事，就算内心不情愿，他为了表现自己也会承担。

有一天早上，邻居伯伯到了公司，他的老板到公司后，走到邻居伯伯的身边，说需要买一套书。邻居伯伯一看是领导，立马放下手中忙碌的工作，丝毫没有犹豫就答应了下来。他先是在网上搜索了几家离公司最近的书店，决定去寻找领导所需的书。

第一家店的店主遗憾地告知邻居伯伯："不好意思，这套书刚卖完，要是早到几小时，您一定能买到。"第二家书店也没现货了，书店营业员说采购员已去补货了，但要两天后才能到货。邻居伯伯觉得很失望，但还是想碰碰运气，他决定去离公司距离较远的第三家书店看看。这个时候，一上午的时间已悄然过去。邻居伯伯好不容易到了第三家书店，店主告知他店里没有这套书，他又白跑了一趟。

邻居伯伯两手空空地从书店出来时，时间已经过去了很久，他来不及再去其他书店了，只好匆匆赶回公司向领导复命。见到领导后，邻居伯伯气喘吁吁地说："领导，我快累死了，实在不好意思，附近三家书店我都去了，没有您想要的那套书，有一家正在补货，但两天后才能拿到。两天后，我再去帮您买来。"

看着满头大汗的邻居伯伯，领导一脸凝重，欲言又止。

长大后我常常想，劳苦就一定功高吗？额外的付出真能换来想要的回报吗？

不可否认，很多人在工作中是有苦劳的。就像邻居伯伯，在自己的岗位上工作了很久，他把自己的大把时间和青春都奉献在工作岗位上，有时候也在某个重要项目上加班加点，投入大量时间和精力，甚至累垮了身体。但苦劳并不是功劳。如果在同一位置上干了很久，却还是默默无闻、毫无建树，加班加点却并无任何令人满意的业绩，投入的时间和精力也未能转化为工作效率，那么，你就算是付出了劳动，也背离了工作发展的正常轨道。

在职场中，一个人有没有功劳或者功劳有多大，很多时候并不是以其工作的劳苦程度和工作时间的长短来衡量的。其实，功劳的判定，更多的是在于结果和价值，在于工作效率、质量和数量。任何人从事任何职业，效率越高、成效越大，功劳也就越大，反之亦然。

因此，在面对领导和同事提出的命令或请求时，我们不要急于反馈，不要急于表现自己，不妨安静下来多多思考，或者在心里权衡一番利弊：自己是否真的有多余的时间做这件事？这件事对自己有多大的帮助？如果自己的能力有限，那么应该先考虑如何平衡自己的工作与他人的请求之间的关系。在不影响自己工作的前提下，力所能及地帮助他人，在工作上多承担一些也无所谓，只是，如果错误地认为这样做就能获得领导的认可和职位晋升，那么只会被繁重的工作拖累，被无尽的烦恼所困扰。

简单来说，功劳必须建立在价值和能力上。为帮助别人把自己的工作、生活节奏打乱，实在是得不偿失。

如果你习惯付出，别人就习惯获得

在家庭生活中，很多人觉得要一味地忍让才能维持家庭和睦，只是，跟职场一样，不是付出就有收获的，一味付出并非经营感情生活的好方法。如果只知道付出和迁就，那么你迟早会失去自己。

有些人生性温柔、善良，喜欢帮助别人，只是别让你的善良养出只知道索取的“白眼狼”，善良也要在维护自己利益的前提下量力而行。

沈依婷是个很善良的女孩子，她的男朋友是一个画家。沈依婷从名牌大学毕业后，找到了一份待遇不错的工作，而男朋友当时才读大四，两人交往了三年，感情稳定。因为男朋友还没有毕业，而自己又赚了钱，所以她主动承担起对方的学费、生活费等费用。

一开始，男朋友还挺感恩的，发誓毕业后就结婚，非她不娶。沈依婷十分感动，不仅在金钱上资助男朋友，还主动搬到男朋友学校附近的公寓里，无微不至地照料着他，希望他能够安心创作、顺利毕业。时间一久，男朋友就觉得理所当然了，有什么需求都直接提，沈依婷只要自己能做到的，就都尽量满足。

男朋友毕业后，如愿地成了一名自由画家。可是过了一年，男朋友一直不提结婚之事。沈依婷心里非常介意，不过作为女生，她只能憋在心里不开口。直到父母催得烦了，她才无奈地跟男朋友说起结婚的事情。

面对沈依婷的质问，男朋友支支吾吾，找了个借口就蒙混了过去。沈依婷敏感地察觉到了什么，她通过好友悄悄打听男朋友的近况，才知道他在学校认识了一个漂亮学妹，两人经常见面……

在谈恋爱的时候，很多女生都会视对方为生命，愿意为对方付出一切，无论对方提出什么样的要求，都会一一满足。可是等时间久了，一切成为习惯，你的付出，对方也觉得理所当然。

爱情是这样，在家庭中也是这样。如果为了爱，只讲付出，不求结果，那么最终就会完全失去自我。

有时，适时拒绝也是相处之道。如果我们想让别人以正确的方式对待我们，我们自己要先学会拒绝。拒绝不是莽撞，也不是不礼貌，而是一种尊重，让别人从内心尊重我们的选择。更重要的是，拒绝是一种明智的处世方式，只有这样，我们才不会困于人际关系的烦恼之中。

很多时候，因为不懂得拒绝，放弃了说“不”的权利，看似为了顾忌别人，实则是一种纵容。所以，付出也要看对象，也要讲原则，更要有底线。别让自己的真心被别人随意践踏。

简单来说，适当的拒绝比一味的付出，更能教会别人如何正确对待我们。

我把你当朋友，你把我当人脉

不得不承认的是，中国是一个“人情社会”，生活在其中的我们常常会遇到各种人情债。通常情况下，人心向善，面对一些合理的不违反道德准则、原则的要求，帮忙是举手之劳，可是对于那些超出自身能力范围的“人情包袱”，避开才是正确的选择。

小乐在电视台当台长秘书，在台里有一定的资历和威望，加上他人很随和，在朋友圈里也混得不错。

有一次，有个初中同学给小乐打电话，说自己的女儿想进电视台工作，希望小乐能帮忙推荐一下，先给三万元的“活动经费”，并承诺事成之后还有重谢。小乐仔细地考核了那个人的条件，学历低，个人能力也一般，如果通过正常的招聘渠道，完全进不去。就算自己愿意帮忙，这件事也很难办成。于是，小乐就把情况一五一十地解释给对方听，说电视台的招聘条件很高，他女儿的条件远远不够……

可是从此之后，在同学聚会上，小乐再也不像以前那么受欢迎了。他听到朋友们在私下议论，说是找自己办小事可以，一到大事就摆架子。小乐觉得很郁闷："我究竟哪里错了？"

生活中，我们也会遭遇类似小乐这样的困境——拒绝"人情"的同时，"交情"也断了。其实，拒绝人情并不难，难的是如何采取适当的方法。如果小乐能够把握好"分寸"，就不会让人际关系陷入如此尴尬的境地。想把握好"度"，就要从对方的角度出发，委婉表达拒绝。

当别人有求于你，而当前的你难以回绝或由自己说不妥的时候，可借他人之口，请与双方关系较好的第三人代劳，尽可能不让自己背上沉重的"人情包袱"。

有一天，老马从报纸上看到一家外贸公司需要一名从事翻译工作的大学生，他想让自己的儿子去试试。他打听了一圈，朋友小立正在那家公司供职。于是，他找到小立，请他吃了个饭，希望小立能帮忙介绍儿子进去。

老马平日里交友广阔，经常帮助朋友。小立听了老马儿子的条件，觉得问题不太大，但他没有完全的把握，所以就组织了一下语言："我们公司的经理和王主任关系最好，他们是高中同学，王主任你也认识，以前经常和我们一起玩牌。这样吧，我把这件事跟他说说，他比我面子大，一定能办成。"

小立虽然没有答应老马的要求，但也算间接帮了他的忙，老马对他十分感激。

避免"人情包袱"，首先得有自知之明。个人的能力总是有限的，有人偏爱"打肿脸充胖子"，认为自己无所不能。朋友一求，马上大包大揽，丝毫不考虑自己是否具备这个能力。的确，尽力而为是一种义气，但是，当别人请求的事超出了你的能力范围时，你应该委婉地予以回绝。

有些人在拒绝别人方面存在心理障碍，担心拒绝了朋友会伤害对方、失去友谊，所以总是委屈自己、成全别人。可是，你的"要面子"，不但给了对方错觉，更让自己陷入进退两难的境地。因此，与其将事情搞砸，还不如让对方另请高明。

当然，在拒绝之后要慢慢告知对方拒绝的原因。讲述理由时，口气要委婉，态度要坚决，你必须让对方了解到，你拒绝的是他的请托而不是他本人，你是对事不对人。

把不满“认真”地表达出来

在人际关系中，我们有时候会发现别人的言谈举止未必处处都合我们的心意。万一遇到了让自己不满意的事，要如何表达呢？最简单的方法是直接说明，但这很容易伤害他人，对于处理问题毫无帮助，甚至可能使事情变得更糟。所以，如何表达不满，是我们必须学习的。

语言贵精不贵多。正面冲突往往是激化矛盾和招致烦恼的导火索，如果你对某人某事不满，可以尝试用轻松的言辞表达出来。

有一次，马克·吐温要去一座小城。临走之前，朋友告诉他，小城里的蚊子特别多。马克·吐温到达后，入住的旅社因没做好防蚊工作，旅社里也到处都是嗡嗡乱飞的蚊子。

在登记房间时，马克·吐温笑着说：“贵地的蚊子果然聪明，它竟然知道来看我的房间号码，以便晚上好好饱餐一顿。”

侍者听完之后哈哈大笑，但也记住了他的房间号码，提前进房做好了灭蚊防蚊的工作。所以，马克·吐温当晚睡得很好。

如果马克·吐温直接跟侍者表达旅社房间里蚊子过多，可能会惹得侍者不悦，甚至会在心里默默希望房间里的蚊子喝光马克·吐温的血。马克·吐温当然也清楚这一点，所以他没有开门见山地抱怨，而是通过委婉幽默的方式暗示服务员要帮他做好灭蚊的工作。这一调侃把侍者哄得十分开心，自然愿意帮他做好灭蚊工作。

在对某人某事表达不满前，前提是不能惹恼了对方，只有让对方笑着接纳，意见才能真正有效地传达。过后要重新思考事件的来龙去脉：是否误解了对方？如果一切都是误会，只要开诚布公做好交流和沟通，一切矛盾都会自然而然地化解。

有位作家到一家饭店去吃饭，他对厨师的厨艺和服务员的态度都非常不满意。结账的时候，他请服务员把经理叫了过来。经理一脸狐疑地走过来："先生，请问有何贵干？"

作家见到了经理，立即热情地靠了上去，大声说："请您拥抱我！"

经理一动不动地站着，还是不理解："为什么？"

作家挥着手高兴地说："因为您以后再也见不到我啦！"

很多时候，我们吃饭选择的餐厅并不一定会如我们的意。如果餐厅很不好，的确会破坏我们的心情，可是如果因为吃一顿饭而大发雷霆，把事情闹大，根本没有必要；可如果不宣泄自己的不满，心里又觉得不爽。这时候，不妨向这位作家学习，他以轻松的方式巧妙地说出了自己的心里话，经理心里自然明白其中的意思。这样一来，作者既表达了不满情绪，又免去了不必要的麻烦，双方没有直接产生冲突。

遇到类似的事件，别出言不逊：一来显得自己涵养不够，二来看起来像找碴儿闹事，如果对方是个狠角色，你很可能会“吃不了兜着走”。

明褒实贬是一种巧妙表达不满的方式，意思是先用言语把对方捧高，当对方进入你的语言圈套后，再表露自己真正的意图。这其实是一种戏剧性的逆转，常常会起到出人意料的效果，更能使对方体会到你的情绪。

简单来说，表达不满很简单，可是如果能为自己不满的情绪裹上一层外衣，让对方听得顺耳、听得舒服，对方通常就能接受你的意见和建议。

请揭掉别人给你贴的“标签”

现代社会中，人们越来越喜欢争先恐后地在自己的身上贴标签，什么企业家、作家、研究生、博士、学者等，就连住宅、汽车、化妆品等，也被贴上“精英专享”“贵族品质”等人格化的标签。

生活中，因为自身的某种特征或某种不同寻常的经历，我们也会被“标签化”。俗话说：物以类聚，人以群分。无论是生活方式还是个人爱好，同类人往往有相同或相近的共性标签。可是，有一些标签虽然代表一定的身份和社会地位，但也透出排斥、厌恶和歧视的意味，比如富二代、官二代、星二代等。无论什么样的标签，只能代表人或事物某个方面的属性，并不能反映其整体的情况。

然而，“标签化”在今天更加泛滥，我们发现自己变得越来越不自由了。因为要在社会上生存，要遵守社会的游戏规则，没有标签就好像不能为一个群体所接纳，甚至会被周围的人排斥。如此复杂的环境，让我们需要一个个标签来明确自己的身份，从而找到归属感。可当我们的身上真的被贴满各种标签时，我们会变得疲惫不堪，被这些标签拖累得停滞不前。

老张为人勤劳踏实、任劳任怨，一副热心肠，在同事之间的口碑很好。虽然他是某事业单位的普通老职工，收入不多，幸好够吃够喝，全家人在一起，日子其乐融融。

有一天，老张在路上看到一个年轻人被一辆无牌轿车撞倒，肇事司机逃离了事故现场。热心肠的他二话没说，把受伤的年轻人送到附近的医院，办理了住院手续，并帮他联系家人，临走时还留下了一点钱。

老张没把这件事放在心上，但过了几天，电视台的记者主动找上门。原来，有一位记者看到了老张那天救人的情景，恰逢报社正在举办“寻找当代活雷锋”的宣传活动，老张就成了宣传的典型，这件事被大篇幅地宣传开来。从此之后，老张从一名默默无闻的职工摇身一变成了名人，“好人老张”的名号也被传得远近皆知。

原以为是件好事，但其实不然。

老张后来协助交管部门找到了肇事司机，交管部门嘉奖他5000元钱，单位还为他举办了表彰会。老张特别激动，心里想最近孩子正准备去外地上大学，这5000元能起很大作用。可是在接受了单位领导的大加褒奖后，老张改变了主意。他觉得自己能拿到这么多奖金，很多同事本来就眼红，如果真的把钱装兜儿里，肯定有人说三道四，也有辱“好人老张”的名号，于是临时决定将奖金转赠给几位生活困难的单位职工。

事情并没有结束，自从这件事情以后，以前从没找过老张的社区居委会，突然邀请他去参加社区的活动。原来居委会打算重新规整社区绿化带，但需要一大笔钱，居委会商议决定，费用由所有业主共同分担，但需要有人带动。居委会主任希望老张借助自己的名声，先拿出一部分钱作为表率，给业主们带个好头儿。老张家中的情况本来就不好，本想拒绝，但又把话咽了回去。回到家后，老张从银行取出存款，又从其他亲戚那里借了点，凑了10000元，交到了居委会主任的手中。

大家对老张赞不绝口，可老张心里却一点也高兴不起来。

老张出名是因为偶然事件，本来生活安逸的他却从此陷入名声的陷阱里，“好人老张”的标签弄得他不知所措，左右为难。如众人看老张一样，现在有越来越多的人用选购商品的眼光看待他人，我们也在无意间为一个或多个标签活着。

当我们任由标签化的思维方式控制思想，左右行为，就必须按照“标签”要求的方式进行思考，否则就为社会所不容。可在为“标签”而奔波辛劳的无数个日夜里，我们开始忘记自己是谁，该去向何方，生命里只剩下那几个被高度浓缩又毫无意义的“关键词”，距离人生的目的地越来越远，对自由、美好、真诚的渴望也越来越远了。

在令人艳羡的标签下，其实都有着不为人知的辛酸和苦涩。有时候适当地放下标签，或许能活得更轻松。

有效抱怨，会哭的孩子有糖吃

在和同事吃饭时，同事提出一个问题："在生意场合里，为什么挑剔和难侍候的人，他们的要求往往会得到优先处理；而自己对别人采取宽容态度，反而被忽视？"在职场上，的确有这个现象，抱怨就像空气一样无处不在。

"抱怨"究竟是什么样的东西，又应该怎样有效地运用它呢？

职场"资深人士"张小小一直笃信"会哭的孩子有糖吃"，工作上的大事小情都成了她"哭"的内容。天天跑出去吃饭太累人，张小小哭诉："我们公司也不小，怎么就不开个食堂？"单位福利不好，张小小哭诉："文件夹也需要自己去买，单位真小气！"没得到工作机会，张小小愤愤不平，哭诉道："哼！什么好事都分给别人做。"……

时间久了，单位上下都知道有这么个喜欢"哭"的同事。前阵子，张小小离职了，因为领导不满她像祥林嫂似的“怨妇形象”，所以委婉地请她离开了。

“会哭的孩子有糖吃”，这说法没错，可是不管场合、时间，只要自己不满意，就怨这怨那，注定惹人厌。毕竟，职场关系错综复杂，“哭”的本义不是在于引起周围人的在意，从而得到安抚。

一般而言，是否发牢骚、抱怨，其实是由人格决定的。爱发牢骚的人往往对自己要求不严格，语言掌控能力差，这类人几乎不考虑时间场合，说话轻率，容易失去别人的信任。

职场中，领导最忌讳私下抱怨的人，所以抱怨也要讲究合理、正当。在合理正当的前提下，个人的抱怨才能得到认可。

陈言最近被一家软件公司任用为商务部门主管。她富有工作经验，加上“新官上任三把火”，她不想被人看轻，因此刚接手就带着自己的组员拼业绩。可是，经济形势每况愈下，组员的工作积极性逐渐被消磨殆尽，陈言偶尔也会抱怨。有一天，小组业绩又一次垫底了，她就有点愤愤不平，转而向同事诉苦：“老总也太苛刻了，我的人这么少，他给的指标却是一样的。还说我业绩不行，要按百分比算，我们组其实个个是精英……”

然而，对着同事抱怨并不能解决问题，陈言决定改变策略。她给老总发了封邮件，委婉地叙述了目前的困境，希望能在不影响公司整体运作的前提下，适当为自己小组增派人手。过了几天，老总把陈言叫进了办公室，先关切地询问了部门情况，再真诚地表示自己作为领导不可能事无巨细地考虑周全，最后表示希望陈言以后还能提出合理化建议，帮助公司成长。

走出办公室，陈言脸上流露出满足的笑容。

聪明的职场人，也会抱怨，但是是“有效抱怨”，是有理有据的，通常是经过思考，并运用适当的方式表达出来，也就是适时适度。在适当的场合抱怨，既能引起领导注意，又能使自己的要求得到一定程度的满足。而且，想要让自己的抱怨有效，记得平时尽量不要在公共场合暴露内心的真实想法。在部门例会上，不要直接提出意见，要将自己的不满以委婉的方式与上司交流，让他知道你的想法。

其次，想让自己的抱怨奏效，最好事先进行调查，得到充足依据后再开口。

该批评时就批评，别总是一团和气

不管是谁，都会犯错误，在职场中，就算是领导，也难免。古人云："人非圣贤，孰能无过。"因为一个人对世界的认识永远是有限的，需要别人的批评和指正来弥补自己的不足。

唐朝宰相魏征之所以能够得到唐太宗的器重和高度评价，正是因为他敢于直言进谏，不惧权贵。这不仅使魏征为国家立下了不朽功勋，也让他成为后世历朝历代为官者的楷模。

只要唐太宗犯了错，魏征就会直接提出批评。有一次，唐太宗决定征召16岁以上18岁以下、身材高大的男子从军，这违反了他自己制定的"18岁成年男子才须服兵役"的规定。魏征在旨意发出后极力反对，义正词严地说道："您现在把强壮男子都抽去服兵役，那田谁来种？工谁来做？当国君，首先要讲信用，国家的法律明明规定男丁中的强壮者才须服兵役，您为何不遵守？如此一来，岂不失信于百姓吗？"

魏征的批评有理有据，唐太宗顿时没了火气，立刻反省自己的行为并及时改正。魏征病逝后，唐太宗异常悲痛：“夫以铜为镜，可以正衣冠；以史为镜，可以知兴替；以人为镜，可以明得失。朕常保此三镜，以防己过。今魏征殂逝，遂亡一镜矣！”

可惜的是，当今社会中像魏征这样敢于直言批评别人的人越来越少，大多的是“你好，我好，大家好”的和谐场面。领导不敢批评下属，怕少了支持；下属不敢批评领导，怕被“穿小鞋”；朋友间不敢互相批评，怕伤了和气；自己不敢批评自己，怕丢了面子……大家都在遵循“多栽花、少栽刺，留着人情好办事”的交际法则，长此以往，我们能听到的实话越来越少，可谓“有百害而无一利”。

小官毕业后去了一家国企，工作安稳，同事友好。但时间久了，小官发现同事们永远以“和气”为先，哪怕自己在工作中犯了错，也没有同事愿意直接批评，顶多说些不疼不痒的话，息事宁人。小官觉得这种气氛很轻松，但有时也不得不为此付出代价。

年底的工作会议上，领导为确保明年的经营利润，打算收回所有在外的流动资金。在场的同事们意见很大，他们觉得这几年的投资环境很好，不加大投资却回笼全部资金，岂不错过了大好的投资机会？大家都知道这是领导误判形势，是经营策略方面出现了严重错误。但出乎意料的是，在场的人无一反对，全票通过。

小宫心里觉得不是滋味儿，因为他以前学的就是金融投资专业，所以很清楚是领导犯了错。他去找部门的几位同事商量，打算向领导提出意见，可同事们拒绝了：“你敢批评领导，以后还想不想升职了？你让领导没面子，以后你的日子也好过不了……”

小宫左右为难，但出于对自己职业的尊重，小宫还是决定去试试。他走到领导办公室门口时，领导正好走出来，亲切地说：“小宫，找我有事吗？”

小宫打起了退堂鼓：“没……没什么事。”

“你最近工作表现不错，继续坚持下去，前途无量啊！”领导笑眯眯地夸奖他，然后转身离开了。看着领导走远的背影，小宫最终放弃了，算了，大家都不说，自己又何必强出头，让领导讨厌呢？

结果证明，大家的一团和气酿出了苦果，企业第二年的经营效益严重下滑，甚至接近亏损，年底本应该发的福利和奖金也被迫取消了。小宫后悔得直咬牙，如果当时能直接提出自己的想法，也许想买的笔记本电脑早已到手了……

对小宫来说，如果当时直言不讳地向领导提出批评意见，表达自己的见解，不仅能帮助企业避免亏损，还能让自己拿到奖金，买到心仪的电脑。

古有“闻过则喜”的观点，今有陈毅元帅说“难得是诤友，当面敢批评”，事实证明，敢于批评别人并不伤感情，反而是对对方负责。

第五章

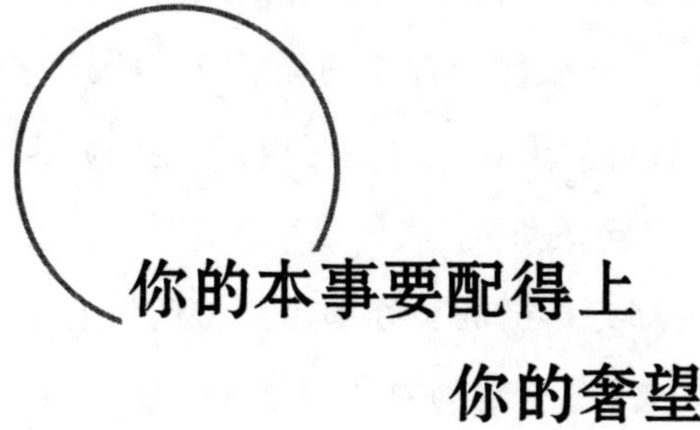

你的本事要配得上你的奢望

全面认识你自己

古希腊有一座山上竖立着一块石碑，石碑上刻着一句箴言：“你要认识你自己。”卢梭曾经评价过石碑上的箴言：“比伦理学家们的一切巨著更为重要，更为深奥。”这句箴言说明了一个道理：认识自己至关重要。

在生活当中，每个人都有自己的长处和短处，正如老子所云：“知人者智，自知者明。”我们只有清楚地认识自己，才能扬长避短，取得事半功倍的效果。

日本保险业的泰斗原一平在27岁那年对自己有了很清楚的认知。当时，他刚进入日本明治保险公司，开始从事推销工作。尽管有了工作，但由于业务水平不行，他穷得连午饭都吃不起，晚上也只能露宿在公园。

有一天，他去推销保险，遇到一位老和尚，等到他详细介绍完保险后，老和尚平静地说：“很抱歉，你的话丝毫无法引起我投保的兴趣。”说完后，老和尚并不走开，而是看着原一平，看了很久，而后说道：“人与人之间，尤其像我们这样相对而坐时，一定要具备一种强烈吸引对方的魅力，如果你做不到这一点，将来可能就没什么前途了。”

原一平听完，冷汗直流。

老和尚接着说：“年轻人，先努力改造自己吧！”

原一平问：“改造自己？”

“是的。”老和尚点点头，继续说道，“要改造自己，首先要认识自己，你知道自己是一个什么样的人吗？你想让别人投保，必须先认识自己。”

原一平不太理解，疑惑道：“先认识自己？”

老和尚意味深长地回答道：“是的，赤裸裸地注视自己，毫无保留地彻底反省，然后才能认识自己。”原一平终于明白了老和尚的话，之后开始努力认识、改变自己，终于成了一代推销大师。

认识自己，找准自己的人生定位，会让自己走上成功之路。其实，很多人在平时的生活中常常只看到自己消极的一面，所以在自我评估时总会说自己的缺点和错误。能够清楚地认识自己是一件好事，可是这并不是要让我们变得消极。成功的人在意识到自身缺点的同时，也会找到自己的闪光点，在找到自身缺点后努力改进，不轻视自己。

所以，认识自己非常重要。如果能够正确认识自己，那么即使失败也能看得起自己，只有这样，才能在激烈的竞争中保持优势，谋得发展。那么，我们该如何认识自己呢？

第一，从工作和学习中认识自己。了解自己工作的各种情况，比如，是否热爱自己的工作？业绩如何？学习的情况如何？自己对学习的态度是怎么样的？对生活是否感兴趣？在自己擅长的领域里，自己做了努力，效果如何？

第二，从事业和生活中认识自己。自己从事什么样的职业？有什么样的事业心？对自己正在从事的职业，是满怀激情，还是勉强应付？现在的自己有怎么样的成就？家庭生活怎么样？是否幸福？

第三，从自己的强项和弱项中认识自己。在工作、学习或爱好中，你的强项是什么？短板在哪里？获得的成就如何？有什么具体的改善措施？

第四，从单位和家庭中认识自己。你在单位表现如何？地位如何？同事怎么看你？你在家里的情况怎么样？对家庭是否有责任心？你的父母、配偶、孩子怎么看你？

第五，从生理和心理上认识自己。注意自己的生理，分析自己的心理，为更科学、更准确地评价自己提供依据。

第六，从以往的成功和挫折中认识自己。成功和挫折最能反映个人性格和能力上的特点，因此，可通过自己成功的经历或失败的经验教训发现自己的特点，在自我反思和检查中重新认识自己。

第七，从感兴趣和讨厌的事情中认识自己。你对什么事情感兴趣？哪一种让你最感兴趣？这种兴趣发展到了何种程度？这种兴趣是否高雅、正当？是否已发展为爱好？你讨厌什么？讨厌的理由是什么？

第八，从个人和大家对自己的评价中认识自己。选择要好的朋友或者亲密的同事等人，听他们评价自己，一般来说，他们比别人更了解你。

第九，从现实和历史的状况中认识自己。多角度分析自己的事业、工作等各方面的基本情况，尽可能做到准确、客观。

第十，用其他传统或科学的方法认识自己。

别让你喜欢的人，把你变成你讨厌的样子

有时候，我们和朋友去逛街，我们看中了一件衣服，但身边的朋友都说不好看，这时候，我们常常会选择不购买它，因为别人都说不好看，一定是真的不好看。其实，不只是买衣服，还有在找工作、谈恋爱上，很多人都是这样，按照别人喜欢的标准做选择，可有时候却忽略了自己内心真正的感受。

孙洋个性开朗，毕业后去了一家公司的销售部当职员，销售工作很有挑战性，正好符合他的个性，他也非常喜欢，

业绩一直不错。结婚后，他的妻子表达了自己对孙洋整天东奔西跑的不满，提出希望他换一份稳定的工作，就连岳父岳母也经常在家里唠叨："什么工作不好找，偏要做销售，有什么出息，还是重新找份工作吧！"

孙洋原本很坚定自己的想法，不打算换工作，他自己计划在销售的岗位上做出一点成绩，可是妻子和岳父岳母在耳边软磨硬泡，他最终只好答应换一份工作。

后来孙洋去找了一位朋友，在一家公司当了总经理助理，妻子和岳父岳母都很高兴。可是孙洋发现自己变得不快乐了，自信心也非常不足，每天上班就像是例行公事，不知道工作的意义是什么，不管怎么安慰自己，都无法让自己找回工作的成就感和愉悦感。渐渐地，孙洋不喜欢上班了，下班回到家心情也很不好。

过了很久，孙洋终于想明白了，他毅然辞去了总经理助理的职务，回到了销售的工作岗位上。他很快就恢复了原来的工作状态，人也变得有精神多了，没过多久就被提升为销售部经理。

类似的事在我们身边也时有发生，亲人和朋友都会打着"我是为你好"的想法，建议我们找一份好工作。可是工作这种事，三百六十行，行行出状元，工作无好坏之分，只有适合与否，别人也许并不知道我们适合怎样的工作。如果无法清醒、客观地看待自己的天性，只一味盲目从众，最后苦的还是自己。

更重要的是，有些事情一旦选择错了，就再也没有重来的机会了。

那些在现实生活中因为迫于别人的意志而扮演了大家喜欢的“角色”的人。他们忙碌时就像一颗颗陀螺，每天受着鞭策，一旦停下来就又觉得空虚，不知道自己生活的目的和意义是什么。

我曾经听一位职业女性说过一段话，非常有感触——“我这辈子一直都努力成就这样或那样的事，可现在我却怀疑‘成就’究竟是指什么了。我一直用工作来逃避必须解决的个人问题，所以一个任务接一个任务地完成，不给自己时间去想自己为何要工作……这真是疯狂！我永远生活在压力下，没时间结交真正的朋友，就算有时间也不知该如何结识朋友。假如时间可以倒退十年，我会放慢脚步认真考虑，而不是用毫无间隙的工作来填满自己。”

成名或者成功其实并不重要，重要的是我们一定要明白自己的梦想，并让它变得具体化，使它成为可能，然后去追求它、实现它。

做最好的自己，即使没有人看得到

“君子戒慎乎其所不睹，恐惧乎其所不闻。莫见乎隐，莫显乎微，故君子慎其独也。”这中间有一个词叫“慎独”，它的意思是：在独处时更要谨慎从事。而真正的君子在没人看见时和在人前一样，不会有一丁点儿不好的言行。

因此，独处时最能看出一个人真正的品行，细微之处最能显示人的灵魂。

杨震是东汉名臣，有一次他因公出差途经昌邑之地，杨震在这个地方有一个熟人，就是曾经受他提拔的昌邑县令王密。王密在夜深人静时轻轻敲开杨震的房门，拿出十两黄金，想要感激他当年对自己的提拔，说道：“现在是半夜三更，您收下吧，没人会知道的！这是我的一点心意。”杨震果断拒绝了，义正词严地回答道：“天知，地知，你知，我知，谁说没人知道！”

杨震的经历并不特殊，元代大学者许衡也有过类似的经历。有一天他外出，同行还有很多人，当时的天气十分炎热，一行人口渴难耐，所以当一棵挂满成熟果实的梨树出现在眼前时，大家都忍不住了，纷纷跑到树下摘梨解渴。而许衡在一旁看着，一动不动。同行的人吃着梨，问："你为什么不摘梨，难道你不渴吗？"

许衡说："渴呀，可是这不是我的梨，怎么能随便摘呢？"

同行的人想为自己辩解，所以就讥笑他迂腐，哄笑："世道这么乱，谁还管这棵树是谁的呢？"

许衡不以为然："世道乱，而我心不乱，梨虽无主，可我心有主。"

人前君子，人后亦君子，而这一点对于修身十分重要。坚持"慎独"，就是人前人后都一样，在"隐"和"微"上下功夫，不让任何邪恶的念头萌发，防微杜渐，使自己的道德品质保持高尚。

常说君子慎独，但这并不意味着"慎独"只是先哲和圣贤们的追求，每个人都应努力践行，无论何时何地、何种处境，都要注意自己的言行。真君子在任何时候都是一样的，不会因为有没有人而轻易改变自己的言行。

慎独是一个人内在品质的试金石，也是人生正己修身的必修课。慎独来源于不断反省自我，喧嚣浮世中，鲜花、掌声和赞美很普遍，慎独却可以锻炼我们，警醒自己不可失了分寸，不能没了尺度，它可以使我们的内心变得清朗透彻，可以让我们的人格越发坚韧，久而久之，我们会养成一种良好的习惯。

慎独是一种宝贵的品德，就像是空谷幽兰，即使不在人们的视野范围内，即使是在空无一人的高山峡谷中也能坚守自己的本分，保持自己的操守，径自绽放，静默飘香。慎独更像一面盾牌，它会让我们抵御来自方方面面的不良诱惑，让我们踏实做事、坦荡为人，使社会更加文明有序、相处更加和谐。

不要绞尽脑汁寻找成功的捷径

人生就像是在大洋上航行，总会遇到各种各样的海浪和海风，有时候难免偏离航道，毕竟不可能任何事情都百分之百像我们预计的那样。

船长在航行时不会感到困惑或不安，他会看手中的地图，想方设法地使船行驶在正确的航线上，如果偏离了航向，就做出调整，然后把乘客安全地送到目的地。我们每个人都是船长，都在驾驶自己的轮船，轮船被我们控制，目的地和航线只有我们知道，不过这并不代表轮船每时每刻都稳妥地待在既定的航线上。因为人不可能不犯错误，不可能每分每秒都保持热情，我们要做的是在关键时刻把握好自己，做出必要的调整，才能最终抵达目的地。

成功这件事不容易，生活中常常会出现我们无法预料的情况和干扰，只有良好的愿望和果敢的行动并不够。只有经常根据自己的情况调整人生航向，不断修正前进的方向，才能充分认识到自己的价值，找准自己的位置。

历史上很多名人都犯过急于求成的错误，宋朝的朱熹绝顶聪明，可直到中年，他才感觉到速成并不是做学问的良方，后来下了一番苦功，才有所成。的确，急于求成，恨不能一日千里，往往只能事与愿违。

俗话常说："心急吃不了热豆腐。"急于求成其实是现代人的通病，人人都想快点成功，尽快享受成功带来的喜悦，所以很多人都想走捷径，追求立竿见影，往往揠苗助长，最终却浪费了时间，走上了错误的道路。

有个朋友立志40岁之前成为亿万富翁，可是已经过了而立之年，他却还在单位拿着死工资，想想觉得不甘心，于是他辞职开始创业。十年里，他开过花店，开过咖啡馆，办过公司，开过诊所，可每次都失败了。40岁那年，他觉得心力交瘁，一次偶然机会他遇到一位成功人士，于是前去拜访，把自己经历的一切都告诉了成功人士。

成功人士听完后，说了一个自己的故事："当年我也想成为亿万富翁。有一次我的妻子在一个秋天让我去扫庭院的落叶，她说如果我扫干净了，她会给我一个成为亿万富翁的秘诀。我半信半疑，但成为亿万富翁的诱惑，让我毫不犹豫地拿起了扫帚。一个钟头过去了，我好不容易扫完了，再回头时，扫过的地方又铺满了落叶，我想加快打扫以赶上落叶飘落的速度，可忙了一天后才发现这是不可能的。我很生气，去找我的妻子，我觉得她在开我的玩笑，她面对怒气冲冲的我，说我的欲望就像扫不尽的落叶，层层消磨完我的耐心。我也意识到当时我有亿万个欲望，却只有一天的耐心，就像那秋天的落叶，只有冬天才能扫干净，可我只想一天就完成。”

任何事情的发展都有一定的规律，而且这个规律是不可逆转的。老子曾经说过：“九层之台，起于累土；千里之行，始于足下。”著名画家达·芬奇学习画画的时候，光是画鸡蛋就画了很多年；爱迪生搞发明，不知做了多少次失败的实验。一味地求急图快，违背了客观规律，后果只会让自己失望。我们只有摆脱了速成心理，积极努力，步步为营，才能实现自己的梦想。

很多时候，不要绞尽脑汁寻找成功的捷径，毕竟冰冻三尺，非一日之寒，做事情考验的是耐力。人生就像一场马拉松比赛，一开始大家都在同一条起跑线上，但越到后面就越能看出差距，有耐心的人能坚持到终点，没耐心的人全都停在了半路。

有一位血气方刚的少年，整日想着的都是早日成名，他跑去拜一位剑术高人为师。在跟师傅学了一段时间的剑术之后，迫不及待地问："师傅，我需用多久才能学成?"

师傅不动声色地说："10年。"

少年着急地问："如果我全力以赴，夜以继日呢?"

师傅答："30年。"

少年不死心地问道："不会吧?如果我拼死练习呢?应该不会太长吧?"

师傅淡淡道："70年。"

少年很困惑，他不惜一切、想尽办法要获取成功，结果在师傅的眼中自己越努力却离目标越远，为什么呢?

师傅除了拥有高超的剑术外，也有超凡的智慧，他明白少年的心完全被渴望功成名就的思想占领了，失去了平和的心态，势必不会成功的。

努力本身没有错，可是期盼迅速成功、一夜成名的心态就不对了，常常会欲速则不达。许多事业都必须有一个奋斗的过程，而这也是让我们得到锻炼，使我们成长的过程。放远自己的眼光，注重知识的积累，厚积薄发，自然会水到渠成。

小事都做不好，谁还指望你做大事

有一句是这样说的——“坚持把简单的事情做好就是不简单，坚持把平凡的事情做好就是不平凡。所谓成功，就是在平凡中做出不平凡的坚持。”每个人都希望自己能做大事，做复杂的事，但事实上，复杂都是由简单开始的，大事也都是从小事开始的。把一件简单的事做到最好、做到极致就是不简单，就是成功。

关于成功的秘诀，有位知名演员谈道：“我是一个喜欢努力的人，我喜欢把一件小事情做到极致。”仔细观察后会发现，我们每天的工作和生活都是由一件件琐碎的小事构成的：收发邮件、招待客户、制作报告，等等，看似简单，实则不易。

经常在生活中听到很多人抱怨自己没有做大事的机会，他们大概忘记了世上的职业本无高低贵贱之分。无论一份怎样的工作，只要真心付出，把日常小事做到极致，就能获得别人的认可和尊重，就能够获得成功。

事情做到60分是不够的，100分才算合格。温水就算烧到99℃，也还不是开水。再加一把火，在99℃的基础上升高1℃，就会使水沸腾，并产生大量水蒸气来开动机器，从而获得巨大的动力。把简单的事情做到极致，就像是把水烧到100°C，因此我们不能满足于差不多，或者只要60分及格就好，要做就做到最好。

弗雷德是一名邮差，热情、负责，演说家马克·桑布恩在买下自己生平第一所房子后，遇到了弗雷德。弗雷德遇到马克·桑布恩后，主动做了自我介绍，见到如此热情的邮递员，马克·桑布恩觉得非常温暖，他自我介绍说自己是位职业演说家。

弗雷德听后，说："先生您好，如果您是位职业演说家，那肯定要经常出差旅行了。不介意的话，您能否给我一份您的日程表，您不在家时，我可暂时代为保管您的信件，打包放好，等您在家时再送来。"桑布恩觉得不必这么麻烦，费雷德却解释道："先生，窃贼常会窥探住户的信箱，信箱是满的，就表明主人不在家，他们就会把这家当为作案目标。不如这样吧，如果盖子还能盖上，我就把信放到里面，别人不会看出您不在家。如果塞不进信箱，我就搁在房门和屏栅门之间，从外面看不见。如果那儿也放满了，我就把其他的信留着，等您回来。"

有一次，美国联合递送公司误投了桑布恩的一个包裹，放到了沿街再向前第五家的门廊上。弗雷德看到了，就捡起来，送到他的住处，在上面留了张纸条并解释了事情的来龙去脉，又费心用擦鞋垫把它遮住，以避人耳目。

在之后的日子里，弗雷德多年如一日的用心服务把马克·桑布恩折服了。

世界旅馆业大王康拉德·希尔顿说过一句名言：“就算一辈子洗马桶，也要做一个洗马桶最出色的人！”人的心理总是很奇妙，越是简单的事，越不重视，也就越容易松懈，所以很难做到极致。对待简单的事情，我们应该保持积极的心态，肩负责任感，仔细考虑到每个细节，踏踏实实做好每一件小事。

最大的劣势，也是最大的优势

美国作家黛比·福特说过：“好出风头只是自信过度的表现，邋遢说明你内心自由，胆小能让你躲过飞来横祸，撒泼在有些场合是解决问题的最好方式……”我们在生活中会发现，无论是谁，都会有缺点和不足，例如，脾气暴躁、性格倔强、做事马虎、过于拘谨等，这会让我们遭受失败，但是，劣势随时会转化为优势，只要我们能好好利用。

有一位神父，被主教吩咐销售掉1000本《圣经》，他想了想，自己只能卖掉300本，所以就找来三个小孩，希望他们分担另外700本的销售。这三个小孩中有两个小男孩特别自信，口齿伶俐，能说会道，另外一个小男孩有点口吃，神父觉得不放心，只给了他100本《圣经》的销售任务，还不忘吩咐道："你尽量完成就好。"

可是，5天过去了，那两个口齿伶俐的小男孩一共才卖了200本。神父觉得不可思议，这么能说会道的两个人怎么只能卖掉200本呢？正在这时，口吃的小男孩回来了，他不仅完成了神父交给自己的销售任务，还带来了一个令人激动的好消息：有一位顾客愿意买下神父剩下的所有《圣经》！这也就意味着神父需销售1000本《圣经》的任务已经完成了！

神父感到不解，为什么自己当初不看好的"小结巴"却成了自己的福星？神父问口吃的小男孩："你讲话结结巴巴的，为何如此顺利地卖掉了所有的《圣经》？"

小男孩开口说："我……跟……见到的……所有……人……说，如……果不……买，我就……念《圣经》给他们……听。"

大家都很害怕听一个口吃严重者读《圣经》，但这又是一个虔诚教徒无法拒绝的，于是口吃的小男孩才能把《圣经》都卖光了。那位买下所有《圣经》的顾客是被他的精神打动了。

口吃，无论从什么方面看，都算是一个人的劣势，然而，那个小男孩居然把自己的劣势转化成了优势！当我们在为自己身上存在的劣势感到烦恼时，很多和我们有着同样缺点的人，有可能已经把缺点转化为优势，奋力拼搏了。

美国心理学之父威廉·詹姆斯曾说："身体的缺陷对我们有意外的帮助。"没错，缺点就算上升为"缺陷"，也未必不能转化为优势。缺点既然已经存在，我们就应该正确看待，恰当利用，为自己开拓人生的新局面。

从前有一个小男孩，他很喜欢柔道，跑去找一位著名的柔道大师，希望他能收自己为徒，柔道大师答应了。不过，还没有开始正式的学习之前，小男孩遭遇了一次车祸，他彻底失去了左臂。那位柔道大师找到小男孩，说只要小男孩愿意学，他还是愿意教。

小男孩的伤养好了，便开始学习柔道，他知道自己的条件和基础差，所以学得特别认真。最初学习的三个月，柔道大师只教给小男孩一招，小男孩虽然觉得很奇怪，但想着柔道大师一定有这样做的道理，但又过了三个月，他来来回回学习的还是这一招。

终于有一天，小男孩忍不住了，问柔道大师："师父，我是不是需要学习一些其他的招数呀？”

柔道大师摇摇头，淡然地说：“不用，你学会这一招，学到熟记于心就够了。”

又过了三个月，柔道大师带着小男孩去参加了全国柔道大赛。小男孩觉得自己只学会了一招，比赛根本赢不了，但没有想到最后居然拿了这一次比赛的冠军，连他自己都觉得不可思议，只有右臂的他，只学会了一招，却打败了所有参赛的选手。

回家路上，小男孩问柔道大师：“师父，你教我的这招这么厉害吗？我居然只靠这一招拿到了冠军？”

柔道大师点点头：“第一，你学会的这一招是柔道当中最难的一招；第二，能破解这一招的唯一办法是抓住你的左臂。”

对于每个人来说，很多时候，自身的缺陷在一定的情况下刚好是自己的优势，而且这种优势是独一无二的，别人是无法模仿的。

遭遇失败后，很多人会为自己找理由，认为自己实在过于平凡，没有任何能够帮助自己获得成功的特殊才能。其实并不是，每个人都有与众不同的能力，也有自己擅长的领域，而之所以产生挫败的想法，是因为不知道自己的特长在哪里，自己擅长什么。

人难免自卑，我们经常会陷入自己的劣势当中，却忽视了自己的优势；我们总是看低自己，经常会沉溺在对自己的责备当中，却很少积极地认同自己；我们更乐于取长补短，却很少灵活地扬长避短。因此，我们的悲哀不在于缺乏才能，而在于没有发现才能。

第六章

就算上帝关上了门，你也别失去打开一扇窗的勇气

没有危机才是人生最大的危机

马化腾的一段话让我很有感触——：“坐票太安逸了，这会让人失去斗志、失去激情，我愿意全程站着，保持站着的姿势！”

反观身边的人，有很多人在生活当中会选择陶醉于安逸，他们认为努力工作并不是当前的主要任务，生活现在已经足够好了，没必要拥有更大的志向。可事实上，这种不思进取的心态，就是他们未获得成功的“罪魁祸首”。

阿昌毕业后进了一家不错的公司，他认为自己的工作有了保障，就开始不思进取。没过多久，他就成了公司里业绩最差的销售员。公司在年底传出了裁员的消息，所有人都认定阿昌会成为第一个被裁掉的员工。

听到了消息，阿昌心情沉重，他想，如果自己失去这份工作，妻子和孩子也就失去了生活保障，想到未来的无助，他自言自语道：“这样的生活真是太可怕了，我决不能被裁掉！”

想到这儿，阿昌开始分析自己业绩最差的原因。他猛然发现自己最大的敌人是“安逸”，安逸的生活让他失去了斗志，他决定重新点燃自己的斗志。于是，他跑去理发店剪了一个利落的发型，精神百倍地投入工作，销售业绩逐渐提高。一年之后，阿昌在公司的业绩竟然从最后一名升到全公司前五名。又过了一年，他成了销售部业绩最佳的推销员。

年度大会上，董事长希望阿昌讲讲自己成功的秘诀，阿昌不好意思地笑了笑，说：“我的改变要归功于‘裁员’，那次裁员让我意识到自己已经陷入了困境，我特别害怕，于是决心改变。正是那次危机成就了今天的自己。”

孟子曾经说过：“生于忧患，死于安乐。”也有这样一句俗语：“今天工作不努力，明天努力找工作。”这些话特别适合耽于安逸的人，因为“安逸”阻碍了每个人潜能的发挥。

每个人本身都有很多缺点，而安逸的生活则让缺点肆无忌惮地表现出来。有一个很有趣的现象，胡润百富榜上很少有富二代，历年富豪几乎都是在贫苦阶段一点一滴奋斗，积累起了财富。没有危机，就会有杀机。想要保持斗志，就要不断给自己压力，把自己从安逸的状态中解脱出来。

在很多人眼中，作为“股神之子”的彼得·巴菲特的人生起点确实跟别人不同，好像不存在谋生压力，能更轻易地投入到自己的梦想中。尽管他并不为自己笼罩在父亲的光环下感到困扰，但是他还是选择放弃安逸的生活，去拼搏奋斗。

谈起那段岁月，他说："离开大学校园后，我也必须谋生，比如为电台的商业广告谱曲。刚开始自己的职业生涯时，我只有很少一笔钱。那时，我必须想尽办法过一种完全独立的生活，不仅要还房贷，还有音乐设备等贷款要还，不过我认为这是人生必经的历练。关于出身，我的理解是如果'富二代'不理解自己的幸运所在，也不想因此回报这个世界，这对他个人和世界而言，都是一种悲哀。同样，如果'富二代'只关注外在的幸福——高档车、豪宅、巨额财富，他们将无法理解真正的自我价值所在，也无法以有意义的方式，给世界留下光辉的一笔。"

出身富贵的彼得，和普通的追梦人并没有什么不同，他充满自信，不懈努力，逐步实现了自己的人生规划，就连"股神"老爸也说："彼得的人生全凭他自己打造，我并不打算把巨额财产留给他。"最后，他成了一名作曲家。

安逸会让人丧失斗志，没有危机意识才是人生最大的危机。走出安逸，切断退路，才能发挥自己的潜能，最终获得成功。

一帆风顺的人生轨迹，那只是传说

谁不希望自己的人生一帆风顺呢？可是，我们会发现现实并非如此。可就算不是一帆风顺，只要保持乐观的心态，即使走了弯路，也能看见别样的风景。

听过一句话："想得开是天堂，想不开是地狱。"生活中到处都是弯路，我们要想得开。可能在步入职场很多年后，才发现自己选错了职业，可是真正回头看，我们并不是在浪费时间。

是那些走过的弯路，让我们学会了如何应对人生、面对挫折、发挥潜能、全力以赴；是那些走过的弯路，让我们的人生拥有了更多的可能。当我们回望人生时，那些承受过的委屈和压力都已烟消云散。

蓉蓉很喜欢弹钢琴，唱歌也好听，但是如此优秀的她高考发挥失常，大家都以为她能够考上名牌大学，可是她的高考分数只能去大专。她觉得很沮丧，但她没有抱怨生活，经过不懈的努力，她终于在法律专业成功地"专升本"。

毕业后，她投身工作，工作了一段时间后从律师事务所辞职，去了黑龙江支教。支教期满后，热爱自由、踏实生活的她又去了加拿大，读了教育和非营利公益组织管理专业的研究生。

对于自己一路的种种选择，蓉蓉开朗地说道：“我走的不是弯路，而是多看了一段风景。”

古罗马政治家塞涅卡曾说：“没有谁比从未遇到过不幸的人更加不幸，因为他从未有机会检验自己的能力。”在生活中，我们要如何检验自己的能力？走一段弯路不失为一种办法。在弯路上，得到与失去相互交替、渴求与放弃相互转变，经历着痛苦，也感受着快乐。

洛克从前是一个一掷千金的大商人，因为一次遭遇，他破产了，变成了一个家徒四壁的穷光蛋。在体会到生活的冷酷无情后，他心灰意懒，想着尽快结束自己的生命，远离世界。于是，他回到了自己的家乡。

家乡承载了洛克童年的美好时光，他认为这是离上帝最近的地方。很多次，他走在乡间小镇的路上，都很想问问上帝，为何要让他经历命运的作弄。有一次走累了，洛克就坐在一片瓜地旁休息。

此时正值丰收的季节，空气里都是果实香甜的味道。瓜农看到洛克风尘仆仆的，豪爽地请他品尝地里的瓜，洛克吃了，觉得很甜。

瓜农觉得找到了聊天的伙伴，于是叽里呱啦地讲了这几年的经历。前几年总是遇到天灾虫患，导致收成特别不好，有一年来了霜冻，果实原本马上要收获了，结果毁于一旦，整整一年的辛苦劳作都打了水漂。

洛克想到自己的经历，愣了一会儿，问："那你怎么活下去？收成不好，又赚不到钱，你种瓜还有什么意义呢？"

瓜农淡然地笑了笑，指了指面前的瓜田："你看，我不是已经丰收了吗？无论过去如何艰难，我都已经撑过来了。而且，如果没有之前那几年的挫败，这一次的丰收怎么会有这么大的意义呢？要知道，所有的经历都是有意义的，只要我没有放弃，只要我始终依靠自己的双手在努力。"

洛克如醍醐灌顶般站起来，心中的郁闷、难过、挫败，都随着瓜农的一席话烟消云散了，他决心重新来过，用自己的双手创造属于自己的未来。五年之后，洛克成了行业内数一数二的人物，他的公司遍布全球。走过的弯路，也成了他人生中最美的回忆，他倍加珍视。

终有一天，当我们站在人生的下一个站台回望，所有曾经承受的委屈和压力都已烟消云烟，我们会发现，恰恰是那些我们所走过的弯路，让我们学到了如何应对人生，如何面对挫折，如何发挥潜能、全力以赴。

绝望的那刻，往往是希望的开始

股票时常受到很多人的关注，投资专家指出：“越是经济不景气时，越是成长的契机；越是经济低迷时，很多潜力股票越会出现前所未有的低价。”眼光独到和胆识过人的人，就会在关键时刻寻找到最佳买点，当经济回升的时候，他们就会获得巨大的利润。

这是经济法则，但也同样适用于人生。《康熙大帝》的作者二月河曾经说过：“人生好比一口大锅，当你走到了锅底时，只要肯努力，无论朝哪个方向，都是向上的。”当命运把人抛入谷底时，也正是人生腾飞的最佳时刻。

美国推理小说之父范·达因在大学毕业后，发表了不少文章，但都反响平平，既没赚到钱，也没获得期望中的名声，他开始变得灰心丧气，开始怀疑起自己的能力来。祸不单行，他又被公司炒了鱿鱼，四处求职，穷困潦倒。这段时间的奔波导致他生病了，医生说：“这种病短期内没办法痊愈，需静养很长时间，且需在医院住院观察。”

病床上，他百无聊赖，有一天他无意间翻开一本推理小说，从此一发不可收拾，他喜欢上了看书，住院的两年时间里，他不知不觉地看了两千多本书！出院之后，他开始尝试自己写推理小说，直到他写了一篇名为《班森杀人事件》的推理小说，刚一出版就大受欢迎，他从此迅速走红。之后他创作的《菲洛·万斯探案集》成为世界推理小说史上的经典巨著，畅销全球。

绝望的那刻，往往是希望的开始。许多时候，人只有跌到谷底，远离欲望与喧嚣，才能彻底看清自己，知道自己究竟要走怎样的道路。可是，很多人因为跌入谷底，便准备离场了。这时候，不妨问问自己：我都已经摔到了谷底，情况还可能更坏吗？既然已经坏到了不能再坏的地步了，为什么不咬咬牙撑下去呢？

在让无数人为之倾倒的“淘金热”时代，达比只身到西部挖掘金矿，期望实现自己的黄金梦。

经过几周的努力，他发现了亮晃晃的金矿。只是，他手里只有十字镐和铁锹，无法挖掘金矿，所以他只好悄悄地把金矿埋起来。他立刻回到家乡，先把这个好消息告诉了自己的邻居，一起凑足买机器需要的钱后，他们带着机器又一次去了西部。

挖土机挖得越深，达比和邻居的希望也就越大，可是金矿脉却突然消失了，他们的美梦一点点破灭，最终，他们不得不选择了放弃，并把机器以很低的价钱卖给一位旧货商，然后一帮人搭乘火车回家了。

旧货商找来了一位采矿工程师。经过检查矿场和相关的科学计算，工程师认为，先前的开矿计划之所以失败，是因为矿场主人不懂断层线，依照计算，在距离达比停止挖掘处三尺的地方，就找到了金矿。矿脉被找到的好消息传到了达比的家乡。达比听闻后，告诉自己的孩子们："最坏的时刻，往往是最好的开端。"

很多时候，人们在做了99%的努力之后，却放弃了可能达到成功彼岸的1%，其实失败和成功往往只有一线之隔。马上就要成功，却还没有成功的时候是最让人难受的。人们很难知道自己离成功还有多远，但应该清楚自己还能撑多久。坚持下去，太阳一定会升起的。

说“难”前，先问自己是否已竭尽全力

人生那么长，遭遇到挫折其实并不可怕，可怕的是因为遇到了挫折而产生的怀疑，对自己能力的怀疑，对自己信心的怀疑……在古时候的很多次战争中，常常是只要精神不倒，敢于放手一搏，就有胜利的希望。而生活在现代的我们往往太脆弱了，在困难面前，还没有付出自己最大的努力，就急忙说要放弃。“世上无难事，只怕有心人”，面对困难时，不妨先问问自己，真的竭尽全力了吗？

要知道，世界上没有天大的问题，发生的任何问题都会得到解决；世界上也没有天大的困难，只有面对困难时因为自己没有尽力而造成的遗憾和悔恨。

24岁那年，吉米·卡特是一名海军军官。有一天，他应召去见上将海曼·乔治·里科弗。上将很友善，让卡特挑选任何他愿意谈论且擅长的话题。选择完话题后，上将就和卡特讨论，结果卡特每次都被上将问得直冒冷汗。卡特突然意识到自己懂得实在太少了。

谈话马上就要进入尾声了，上将开启了一个新话题，问

卡特在海军学校的学习成绩怎样。

卡特立即自豪地说："上将，一个班中有820个人，我名列第59名。"

将军皱了皱眉头，问："为什么不是第一名呢，你竭尽全力了吗？"

这句话就像是敲醒自己的一根棒子，影响了卡特的一生。从此之后，他做任何事情都竭尽全力，后来凭借着竭尽全力的精神，成了美国第39任总统。

竭尽全力做事就是要把意识的焦点对准如何解决问题，不给自己任何敷衍和偷懒的借口。

影响日本经济界人物之一的士光敏夫有一年在重整东芝公司时，遇到了资金不足的困难。以当时的情况想要筹到足够的资金就好像是难于登天的事，他也想过去银行申请贷款，但银行经理对他爱搭不理。

想了很久，士光敏夫决定破釜沉舟，必须想尽一切办法迫使银行经理答应贷款，不然东芝公司就会陷入危机。他先让秘书拿来一个包，然后去街上买了两盒盒饭放在里面，最后提着包赶到银行。

一见银行经理，他就跟经理谈话，说明了自己的情况，希望获得贷款，但对方仍不答应，双方就此展开了一场舌战……不知不觉，时间已经到了中午，银行经理如释重负，他提起公文包准备回家吃饭。没想到的是，士光敏夫却从袋子里拿出盒饭说："经理先生，我知道您工作辛苦，但为了我们的长谈，我特意把饭准备好了。希望您不要嫌弃这寒酸的盒饭。等我们公司好转后，我一定会感谢您这位大恩人。”

面对士光敏夫的执着，银行经理无可奈何，最终批准了他的贷款申请。

在面对不想努力的自己时，我们经常会找理由，说这件事很难，可问题真的那么难以解决吗？其实并不是，如果我们的心灵对准“难”，那大脑也会找出千万个理由，证明真的很“难”，我们就会对“难”的问题产生畏惧心理，无法冷静应对，导致行动瘫痪。所以最关键的是要先把“不可能”的想法放在一边，只需要去想自己是否完全尽力了，是否想了一切办法、尽了一切可能。

当我们身处困境时，不妨去学习勇敢者的气魄，坚定、自信地对自己说“再试一次”，因为只要我们再坚持一下，成功也许就在彼岸！

享誉全球的制表集团公司（Ulyss Nardin）的总裁罗尔夫·斯克尼迪尔在被人问到自己从事制造高精密度手表多年最信奉的理念时，他淡淡地回答：“永不低头——做‘失败’的头号敌人。我从不轻易放弃任何一件事情和一次机会，所以绝不会被失败打倒！”

的确，人生中总会有一些突如其来的挫折和失败来考验我们的能力，我们要做的就是及时重整旗鼓、乱中求变。当然，在“变”的过程中，难免会遇到来自各方面的阻力，但当我们坚持到最后时，曙光也就出现了，看，成功正在向你招手。

自己选的路，就再多坚持一秒

我们都渴望成功，但结果往往是只有极少数人站到了成功者的队伍中，大多数还是身居平庸者的行列。之所以如此，根本的原因在于前者做到了坚持，坚持，再坚持，而后者多是遇到困难就退缩，半途而废。

在一次拍卖会上，美国海关正在拍卖一批刚刚被截获的走私自行车。

拍卖场上，大家发现了一个10岁左右的小男孩，他坐在第一排。每当拍卖师叫价的时候，这个小男孩总会最先叫“10美元”，不过因为自行车都是质量很好的产品，没有人止步于10美元，小男孩只能眼睁睁地看着别人用“20美元”“30美元”或越来越高的价格把一辆又一辆崭新的自行车拍走。

拍卖师也注意到了这个每次最先叫价“10美元”的小男

孩，在中场休息的时候，拍卖师走到小男孩面前，问：“你为什么每次都只出10美元呢？大家可不会看你是个小孩而放弃竞争哦。”

小男孩挠挠头，不好意思地说：“我只有10美元。”

中场休息结束，拍卖会继续进行。小男孩依旧每一次都最先叫价“10美元”，但每一次也都只能看着其他人以高于10美元的价格推走一辆又一辆漂亮的自行车。

拍卖会接近尾声了，已经是最后一辆自行车了，而且是这场拍卖会上最好的一辆自行车。拍卖师开始叫价了，但小男孩这一次却沉默了下来，他认为自己肯定拍不到，毕竟这辆车的前排有两盏灯，而且有着全自动的刹车和可多挡变速的车身。

结果，现场静悄悄的，没有一个人出价。拍卖师又喊了一遍，还是没有人叫价；拍卖师又喊了一遍，小男孩一脸好奇地看看周围，又看了看那辆最好看的自行车，小声地叫道：“10美元。”

全场的人都听到了，拍卖师面带微笑地敲了锤子，大声地说：“如果没有人再叫出更高的价格，这辆自行车就属于这位小男孩了。”

其实，我们在面对困难时，也可以像小男孩一样，坚定地走自己的道路。这样，成功和喜悦一定会属于我们！

有一对生长在农村的兄弟看到自己的伙伴纷纷到大城市打工，回来后都是西装革履、出手阔绰，他们俩心里羡慕不已。看着自家破旧的房子，父母佝偻的身形，俩人商量好，也要去城里谋条生路，好好打拼几年，挣了钱好好孝敬父母。

说干就干，他们拎着简单的行李，坐了两天两夜的火车，从遥远的、不知名的小村庄来到了车水马龙、灯红酒绿的大城市。在火车站附近找到便宜的小旅馆住下后，两人便出去寻找工作机会。可是，两个从农村出来的年轻人，在这个大城市一没关系、二没学历，找了好几天的工作，都落了个无功而返的结局。

眼看着带来的钱越来越少，再找不到工作的话，只能露宿街头了，兄弟俩心里焦急万分。这一天一大早，两人又来到张贴招工告示的地方，想到年迈的父母浑浊而又充满期待的眼神，两个人心里充满了愧疚和无奈，不由得加快了搜寻告示的速度。

这时，一位大腹便便的中年人走到他俩面前，上下打量了他们一会儿，开口问道："小兄弟，我们这里在招销售员，你们有没有兴趣？"兄弟俩一听，连忙说："有兴趣，有兴趣！"他们没有想到，竟然会有人主动给他们提供工作机会，便迫不及待地跟着中年人来到他们的公司。原来，这是一家礼品公司，他们的工作就是到一个个社区、写字楼，上门推销小礼品。虽然待遇不高，但毕竟是一份工作，兄弟俩还是干得勤勤恳恳的。

由于他们没有固定的客户，没有推销渠道，也没有任何关系，每天只能提着沉重的样品，跑到大街上及小区里推销礼品。一个多月的时间很快过去了，他们跑断了腿，磨破了嘴，仍然处处碰壁，连一个钥匙链也没有推销出去。

无数次的失望磨掉了弟弟最后的耐心，他向哥哥提出两个人一起辞职、重找出路的想法。哥哥语重心长地对弟弟说：“万事开头难，咱们再坚持一阵子，没准儿下一次就有收获了。”弟弟不顾哥哥的挽留，毅然决然地从那家公司辞职了。

第二天，兄弟两人回到出租屋时却是两种心境：弟弟求职无功而返，哥哥却拿回来了推销生涯的第一张订单。

一家哥哥4次登过门的公司要召开一个大型会议，向他订购了300多套精美的工艺品作为与会代表的纪念品，总价值20多万元。哥哥因此拿到了两万元的提成，淘到了打工的第一桶金。

几年时间很快过去了，哥哥不仅拥有了汽车，还拥有了100多平方米的住房和自己的礼品公司。而弟弟的工作换了一个又一个，最后连穿衣吃饭都要靠哥哥帮助。

在一次聚餐的时候，弟弟向哥哥请教成功的秘诀。哥哥说：“其实，我现在所有的成就就在于我比你多了一份坚持。”

他们原本天赋相当、机遇相同，他们的差距只是——是否多坚持了一次。

在生活中，不要埋怨机会不肯光临，扪心自问：我有没有为了自己的选择再多坚持一下？

坚持的意义就在于此——不但要努力，还要持续努力。

英国首相温斯顿·丘吉尔说："一个人绝对不可在遇到危险的威胁时，背过身试图逃避，这样做只会使危险加倍；但是，如果立刻面对它，毫不退缩，危险便会减半。决不要逃避任何事物，决不！"

很多人在登山的时候，最怕遇到风雨突起，这时候人们最先想到的办法就是迅速找个安全的地方躲一躲，或者立马向山下跑。但登山家认为，最好的自救办法是顶着风雨往山顶走。因为找个地方躲一躲，很容易遭受到泥石流和山崩的袭击；往山下跑，虽然看上去遇到的风雨小了一点，但很可能会遇到爆发的山洪，而且无处可躲；而往山顶上走，虽然遇到的风雨还是很大，但能回避大危险的袭击，生命的安全系数也会大很多。

人生的漫漫长途就像是爬山，那些在登山过程中遇到的风雨就像是我们在路途中遇到的困难。在遇到困难时，一味地逃避，并不会让困难消失，反而会越躲越糟糕。因此我们应该勇敢地迎接困难的到来，只有迎难而上，才能在路途中看到美丽的景色，才能更好地生存。

任何人，只要不被他人的眼光和议论打倒，不被他人的嘲笑和歧视击败，保持一颗坚强的心，认真地工作，努力地前进，就能够慢慢成长，从微不足道的小人物成为一个令人刮目相看的、具有优势的人。

只要坚持，人生就绝不可能一无所获，无论什么时候，无论处于什么阶段。

换个角度，欣赏自己

有的人想要成为太阳，但他只是一颗星星；有的人想要成为大树，但他只是一棵小草；有的人想要成为大江，但他只是一条小河……于是，他很自卑，总以为命运在捉弄自己。

其实，平凡并不可怕，关键是必须扮演好自己的角色。

从前有一个小男孩，每天都会全副武装地走到自家的后院，戴着棒球帽，手里拿着棒球棒和棒球。到了后院之后，他首先对自己说："我是世界上最伟大的击球手。"紧接着，他把棒球往空中一扔，再用力地挥棒，可惜，没打中。

不过，他没有放弃，先捡起球，大喊一声："我是世界上最厉害的击球手。”再把球往空中一扔，又一次挥棒，可惜，还是没打中。

这一次，他愣了一会儿，捡起球，仔仔细细地检查了棒球棒和棒球，没发现问题，又喊：“我是世界上最杰出的击球手。”又把球往空中一扔，只是，依旧落空。

不过这一次，他看到棒球落地后，大叫一声：“我真的是一流的投手。”

男孩勇于尝试，能不断给自己打气、加油，充满信心，虽然仍是失败，但是，他并没有自暴自弃，没有任何抱怨，反而能从另一个角度“欣赏自己”。

很多人总是习惯不断地重复着“我长得太丑了”“我没有很好的能力”“我为什么总是犯错”……自怨自艾，自我批判，却无法像那个小男孩一样，换一个角度看待自己，欣赏自己。这是因为自卑心理在作祟。

斤斤计较自己的平凡与普通，一次又一次地重复着自己的失败，一遍又一遍地强调自己的想法，做了很多努力，却还是让自己陷入渺小的境地，处处都不如人。这就是自卑心理造成的最大问题。

芸芸众生中，我们只是普普通通的一员，都是极其平凡的小人物，可是每个人都是不同的，都有比别人更好的地方。因此，不要深陷于自贬身价的泥潭中，也不要陷于不知道如何珍惜自身天赋的执迷不悟里。

很多时候，其实我们都知道，自卑会让人生更灰暗，但在风尘仆仆的赶路途中，只顾着匆匆的脚步，只看到别人的美好，却忘记了欣赏自己。

在尘世间奔波，记得多欣赏自己，我们会发现其实生活很美好，生活很幸福。

很多人觉得自己拥有的东西很少，想要获得什么，又必须付出昂贵的代价，所以整天慨叹“得不偿失”。其实，我们每个人拥有的有很多，并且都是珍贵而且免费的！

就像我们每天都能吸收到的阳光和呼吸到的空气都是大自然的产物，随时都能享用，而且不需要花一分钱。而世界上的很多物质都需要付出劳动才能获得，比如，海洋中的各种资源。

但是，阳光和空气不是最重要和最珍贵的资源吗？

阳光，是每个人都离不开的资源，也是世界上最重要、最珍贵的资源。如果地球上没有了阳光，无论是人类还是动物，甚至是植物，都将不复存在。世界上的每个人都在直接或间接地享受着阳光带来的好处，不过，没有人为自己今天享受到阳光而付出一分钱。

空气，也和阳光一样，是每个人都离不开的资源，也是世界上最重要、最珍贵的资源。如果地球上没有了空气，每时每刻都在呼吸着空气的人类就会窒息死亡。世界上的每个人每天都要呼吸空气，可是，也没有人为自己呼吸的空气付钱。

除了阳光和空气外，不需要人类花费一分钱的好东西，其实还有很多。

人生最重要的好东西几乎都是免费的……蓝天白云、青山绿水、和风细雨、璀璨群星、花香鸟语，等等，举不胜举，我们可以尽情欣赏、尽情享受。物质生活如此，精神方面也不例外。

亲情，是免费的。

在中国的传统亲情观念中，孩子自从降临到这个世界上，就享受着父母无微不至的呵护与照顾。除此之外，还有爷爷奶奶、外公外婆等人的疼爱与喜欢，这就是亲情。

每一个人都享受着亲情的呵护。是亲情，让我们的身心在尘世中能够有所寄托和依靠；是亲情，让我们在生活中感受到幸福与快乐。亲情，都发自于内心，且不要求任何回报，每个人都能够免费地“享用”一生。

友情，是免费的。

财富并不会伴随人的一生，但朋友却是一生一世的财富。是朋友，在每一个快乐的节日里给予问候；是朋友，在每一个需要安慰的时刻给予有力的帮助；是朋友，在每一个迷惘的阶段给予苦口婆心的劝告；是朋友，在每一个需要被鼓励的日子给予忠实的支持。而这些，全都是免费的。

爱情，是免费的。

爱情由很多情愫组成，有仰慕，有思念，有依恋，有惦念，有疼爱，有依靠，有倾听，有搀扶，有喜怒哀乐……这些东西，全都是发自内心的，是最珍贵的，是最值得保存的，同时也是免费的。

亲情、友情、爱情，是人的一生当中最需要的东西，也是最离不开的宝贵资源，它们为我们的心灵提供了丰富的精神营养，也让我们拥有了快乐、幸福的人生。

仔细想一想，所有能够随时享受、免费拥有的珍贵的东西，难道不比那些令人不满的困难与坎坷更值得珍惜吗？为此，感谢大自然创造出的这些免费的东西吧，感谢我们不需要花费任何金钱就能够拥有这些美好的东西吧。

不逼自己一下，你永远不知道你有多强大

在大海之中，没有岩石的拦阻，美丽的浪花如何激起？我们在生活当中听过很多次这样的话——“都是逼出来的”。很多人可能觉得诧异，但也不得不承认，在日常生活中，人在被“逼”之下发挥出超常智能和动能的事例不胜枚举。

在一场马拉松比赛当中，一位名不见经传的年轻人获得了冠军。在此之前，他从未参加过任何马拉松比赛，而第一

次参加就打破了世界纪录。当他冲过终点，新闻记者蜂拥而至，将他团团围住，大家纷纷问道："能谈谈你是如何取得这样的好成绩的吗？"

年轻的冠军笑了笑，说道："因为我的身后有一只狼。"

原来，这要追溯到三年前。年轻人刚刚开始练习长跑，他选择的训练基地的四周都是崇山峻岭，于是他每天凌晨两三点钟就起床，在山岭间进行训练。不过，训练了一段时间，他感觉到很累，因为自己已付出了最大的努力，可进步却很小。

如往常一样的清晨，他正在训练，身后突然传来一阵狼的叫声：开始时好像距离很远，但渐渐地，狼嚎声越来越近。他敏感地察觉到自己被一只狼盯上了，于是为了活命，他开始没命地奔跑。那一天，他发现自己的训练成绩非常好。教练问为什么，他就把自己听见狼嚎声的事告诉了教练。

教练笑道："原来不是你不行，而是你身后缺少了一只狼。"

从那以后，他在每次训练时都想象着自己被身后的狼紧紧追赶……

小时候背古诗，背过一句"但使龙城飞将在，不教胡马度阴山"，印象深刻。史书曾经记载过一个故事，说有一天李广出去打猎，惊见草里有一只"虎"，情急之下应手放箭。之后走过去一看，竟然是块大石头，而射出去的箭居然穿进了石头当中。

有时候竞争越激烈的比赛，越能创造新的纪录，而且创造的纪录往往越高。

上学时，我们经常会有这样的体会，在考试到来之前，学习的效率是最高的。不得不承认的是，人是复杂的矛盾体，既有求发展的需要，又有安于现状、得过且过的惰性，能卧薪尝胆、自我警醒的人，其实少之又少，更多的人需要的是鞭策和当头棒喝式的促动。而在促动当中，有一句话叫作“压力就是动力”，“逼”就是其中“最自然”的好办法。

所以，别觉得逼迫非常无奈，要知道被逼有时候是福，“逼”是因为被“看得起”而被委以重托。

被逼的时候，心态会发生改变，我们开始确立明确的目标，进而分清轻重缓急，马上行动。如果我们不去寻求突破、拒绝创新，就休想跨过这道坎。这时候，潜能就在这一“逼”之下迅速集聚、爆发，就像是核聚变。

当我们达成了自己的目标，解除了“被逼”的状态，人也得到了发展。

因此，生活中的我们不仅不能怕“逼”，而且还应该主动地“逼”自己，使自己经常处在一种积极进取、创新求变的良好状态，处在一种蓄势待发的良好状态。在日常工作和学习中更应该保持如此心态，制订较高的目标“逼”自己，由此获得提升。

逼自己，就是更新自己，战胜自己；逼自己，就是超越竞争，超越自己。别人想不到的，自己要能够想到；别人不敢想的，自己要敢想；别人不敢做的，自己要去做；别人认为做不到的，自己一定要做到！

什么叫作逼自己？有两个方面，一方面是要勇于接受挑战，把自己丢进新条件、新情况、新问题中，只有把自己逼到走投无路时，才会想方设法地破釜沉舟，才会“置之死地而后生”。另一方面是用“自律”逼自己，通过目标管理、时间管理、行动结果管理，让自己行动起来。

压力能够带来生命力，越开发、越使用，生命力就越强。

第七章

任何没有走心的工作，都是在将就

工作态度不同，带来的人生结局也不同

工作是每个人实现自我价值和人生幸福的必要途径，它在很大程度上决定了我们是否快乐。如果我们把工作当成一种乐趣，人生对我们而言就是天堂；反之，我们把工作当成是一种义务，人生就是地狱。而很多时候，天堂、地狱就在一念之间，何去何从，都由自己决定。

对于自己从事的工作，如果我们赋予它意义，那么不论自己从事的工作是大是小，它都会使我们感到快乐和有所受益。可如果我们把它当成一件不得不做的差事，任何简单的工作都会变得困难、无趣，令人感到精疲力竭。对待工作的态度不同，带来的人生结局也许就会不同。

俞敏洪曾经感叹："我们的生命中充满了选择，你的选择不仅和心情相关，也和你的命运相关。但凡你选择积极、努力、向上的生活和工作方式，你的命运就一定会越来越好；但凡你选择消极、被动、懒散的生活和工作方式，你的命运就一定会越来越糟。你选择什么样的生活和工作方式，决定权在你，而你现在的选择则决定了你的未来。"

让俞敏洪发出这样感叹的人是一个大学毕业生。他刚来新东方时，工作只是帮学生收发耳机，但即便如此，他始终展现出一种积极的工作态度。工作时，他一边帮学生收发耳机，一边认真听每位老师讲课。两年后，他的英语水平得到了惊人的提升，与此同时，因为听了很多老师的课，他积累了很多教学技巧。

有一天，他跑去找俞敏洪，说自己想当老师。当时，俞敏洪感到很吃惊，一个负责收发耳机的人怎么有能力当老师呢？但是，他被年轻人的勇气打动了，决定给他一个机会。当年轻人试讲了一堂课后，大家突然发现他的水平已经很高了，于是他成了新东方的老师，后来担任了一家分校的校长。

面对一开始看似细小的工作，他没有放弃，而是选择成长，生命也从此与众不同。

正所谓“人过留名，雁过留声”，工作作为我们实现自我价值的舞台，我们一定要在其中留下一些什么，一个人的生命目标，应是自我的完全展示。从这个意义上来说，工作不仅是一个人的谋生手段，更是生命意义的全部。

李·艾柯卡大学毕业后进入福特汽车公司工作，做见习工程师。因为喜欢和人打交道，李·艾柯卡进入公司后，选择了做汽车销售。在这一领域，他充分发挥了自己的经商天分，通过自己的努力，李·艾柯卡以独特的市场眼光与销售方法，使福特成为全球销量名列前茅的汽车霸主。

1970年，李·艾柯卡成为福特汽车公司的总裁，在当总裁的8年时间里，福特公司净赚35亿美元的利润，不过后来因与亨利·福特不合，被解雇了。

离开福特后，李·艾柯卡担任了美国第三大汽车公司克莱斯勒汽车公司的总经理。临危受命时，克莱斯勒公司正处在一年亏损数亿美元的危难时期，他一出手就力挽狂澜，带领濒危的克莱斯勒汽车公司从谷底崛起，并在其他汽车公司盈利下降的情况下，创造出高额的利润，谱写了美国汽车史上的传奇，而他自己也成为美国汽车业历史上的传奇人物。1984年4月，美国《时代》周刊的封面上刊登了他的肖像，通栏大标题是："他说一句话，全美国都洗耳恭听！"

人生最有意义的事就是工作。人的本质决定了我们必须在社会中生活和工作，并通过工作为组织、为社会、为他人创造价值，同时实现自我。李·艾柯卡就是很好的例子，他用努力工作造就了自己人生的辉煌，并为更多的人带来了工作的机会，实现了自我与社会的双重价值。

在工作中，我们应发挥自己的特长，把个人的能力用在事业发展上。不难发现，解决完工作难题、得到肯定和赞扬、获得胜利的果实、拥有事业的成就等时刻，是我们觉得幸福的时刻，而这些乐趣和喜悦正是在努力、认真工作中获得的。

为自己的职业提供“附加值”

很多人会有疑问，明明自己努力工作了，也忠于企业，可成就为什么却远远落后于他人？

对于企业而言，老板都喜欢能够提出新思想、好方法的员工，这样的员工不仅能够解决工作中的实际问题，还有利于激活企业竞争力。善于创造性工作的得力员工，常常会主动积极地为企业献计献策，当公司出现各种各样的问题时，他们会站在企业的角度，不推诿、不躲避，想方设法解决，为企业提供更多“附加值”，而在这个过程中，他们也不断成长，也为自己的职业提供了“附加值”！

有两个同班同学甲和乙，大学毕业后去了同一家企业。两年后，甲同学已被提升为业务主管，而乙同学却还在基层默默工作，乙觉得好委屈，因为他认为自己比甲同学更加努力更加尽力。

第三年的时候，眼看着甲同学从业务主管成了一个重要部门的经理。乙终于忍无可忍了，向总经理递交了辞职信，并抱怨自己一直辛勤工作却得不到提拔。

总经理耐心地听完，他知道眼前这个业务员乙在工作中的确很尽力，但又缺了点什么。

“这样吧，”总经理淡淡地说，“你想知道为什么，我告诉你，你现在马上到客户那儿去一下，看看今天橄榄油出货的价格行情如何。”

没过一会儿，乙很快就从客户那儿回来了，并向总经理汇报：“橄榄油今天售价138元/瓶，客户反映近期送货时间比较长，我让他向公司客服反映，做个登记。”

总经理问：“客户那里现在还有多少存货?”

乙连忙又跑过去，回来后汇报：“有52箱。”

“他现在的销售情况怎么样?”

乙一拍脑袋，抱歉地说：“我再去问问!”

总经理望着气喘吁吁的乙，摆摆手：“你休息一会儿，看看你的同学是怎么做的。”说完，总经理叫来了甲同学：“你到客户那儿去一下，看看今天橄榄油出货的价格行情如何。”

已是部门经理的甲，一会儿回来汇报道：“橄榄油今天售价138元/瓶，存货还有52箱，近期出货量明显加大，考虑到马上进入销售旺季，我已给客户做了一个预进货的方案。”同时，甲了解到客户现在正在打算做市场促销活动，身为部门经理的他看了看活动方案，向客户提了一些具体操作的意见，而且也把客户的方案拿了回来：“请总经理有空时过目一下，看看情况。”

另外，由于客户反映近期发货慢，年轻的部门经理甲在回来的路上第一时间联系了物流公司。物流公司给出的解释是“近期人手出现问题，没能及时到货”，并保证以后绝不出现类似情况。沟通、解决完这些问题之后，甲马上打电话向客户致歉并做了说明。

看到这一切，一直抱怨没能升职的业务员乙再也不说话了。

员工对于企业最大的价值是既能想到位，又能做到位。

日本JR电车每到下雨天都会在车内进行广播：“请不要忘了自己的伞。”尽管这样广播，可是丢伞的事情还是时有发生。这个广播的作用无非是提醒乘客不要把伞遗失在车上，但可能是因为例行公事、没有新意，导致乘客出现了听觉“麻木”。

电车公司里有一位员工提出异议：“一成不变的广播词有什么意义吗？如果把广播词改为‘目前送到东京车站遗失物管理处的雨伞，已超过300把，请各位注意自己手边的伞’，如此一来，乘客们一定会多加注意的。”

事实证明，果真如此。从此之后，把雨伞落在车上的情形大为减少，乘客们对电车公司的细致服务纷纷表示满意。而这位提出修改广播内容的员工，也因此得到了老板的赏识。

我们换位思考：如果你是领导，当公司里的人一遇到困难和问题就马上汇报，希望你出面解决或一直抱怨客观情况不好，就像是一个问题的传声筒；当你把一件事交付给一个人之后，他却无法如期高质量地完成，那么下一次你还会再考虑将重要工作交给他，将重要位置留给他吗？

GE公司的前CEO杰克·韦尔奇曾经说过一句话："工作中，每个人都应该发挥自己最大的潜能，努力工作而不是浪费时间、寻找借口。要知道，公司安排你这个职位，是为了解决问题，而不是听你对困难长篇累牍的分析。"

有一位厂长去一家纺织企业视察，视察过后跟生产主管说："我觉得现在员工的手反应太慢，工作效率极低，你能想想办法吗？"

主管略加思考，建议厂长组织员工每天利用业余时间练习乒乓球，在轻松愉快的氛围中锻炼手部的反应能力。半年之后，员工的工作效率大大提升，厂长觉得非常高兴，他认为这位主管处理问题的能力和思考水平非常好，开始对他委以重任。

在自己的工作岗位上，贡献汗水，更要贡献智慧；要努力，更要得力！

德国一家公司与日本东京的一家贸易公司有合作往来，

德国公司的经理经常需要乘坐东京到大阪之间的火车，车票都由日本公司的一位女士购买。德国公司的经理坐了几趟火车后发现了一件很有趣的事，每次去大阪，自己的座位永远都靠近右边的窗户，离开大阪时，座位都靠近左边的窗户。

有一次，他就这件事问了日本公司替他买车票的女士，女士笑着说："火车去大阪时，富士山在右边；离开大阪时，富士山就在左边。我觉得您会喜欢看富士山的壮丽景色，所以我就替您买了不同的车票。富士山的景色如何？"德国经理听到这儿，觉得很感动，原本与这家公司的贸易额只有400万马克，他决定提高到1200万马克。理由是，在这样一件微不足道的事情上，这家公司的员工都能如此周到，那在生意上，又怎么会不周到呢？

是的，细心这项素质能让一个人无可替代。

优势是一个非常宽泛的概念，并不一定是一种解决某个难题的能力，或者一项复杂的技术，生活中的一些特长或者性格也可以是优势，就像有的人擅长唱歌，而有的人性格活跃，善于调节气氛。或者更具体一点，同一件事，别人不会做，但你会；其他人只会一点，而你能做得更精更完美……人人都能够找到自己的优势，只要适当地开发、经营，就能将优势变成自己的核心竞争力，就能在职场和生活中获得成功。

每个人都不可避免有劣势，在职场中，与其费尽心思改善劣势，不如努力将自己的优势发挥到极致。

盲目跳槽，不如理智充电

我们的父辈会把自己的工作视为“铁饭碗”，当时的他们只要进入一家单位，一生衣食，自有单位安排。当时代经历了几十年的变化后，职场渐渐“自由”起来，员工跳槽也愈加频繁了。

有时候，我会好奇那些把工作当作蹦床的“袋鼠型”员工，总在行业间或行业内的不同公司频繁跳槽的原因是什么。看过一项社会调查报告，员工跳槽不外乎以下几个原因：

第一，把跳槽当成是一种人生体验。很多人跳槽是为了换一种生活方式，寻求流动跳跃的感觉和时代“弄潮儿”的体验。

陈娟是硕士研究生，从北京某高校毕业后去了一家日资银行，薪水很高，她也混得风生水起，老板对她颇为赏识。

可是没过多久，她就跳槽到了一家泰资公司。短短几年里，不安分的她竟然已经换了三份工作。身边的朋友也劝过她，说她有“跳动症”，她不以为意地说：“刚刚过去的奥运会，我们国家的运动员得了蹦床冠军，为何我不能也‘跳’几回呢？”

工作不是儿戏，职场也并非游乐园，如果把工作看作追求欢乐的载体，又如何肩负使命去从事自己的职业呢？

第二，把跳槽作为寻找最合适工作的机会。

爱尔兰著名的文学家萧伯纳曾经说过：“人生有两大不幸，一是没有得到你心爱的东西；二是得到了你心爱的东西。”而根据社会经验，“袋鼠型”员工的不幸是似乎找到了喜欢的工作，但总不确定这工作是否最适合自己。

有一位学生，刚刚从大学的中文系毕业，有一天她对身边的朋友说：“我现在很迷茫。”大学实习的时候，她在一家公司里做文员，因为看不惯公司的一些做法而选择辞职，之后又做起了营销类工作。面对自己的选择，她很无奈：“这都不是我想要的，我现在很困惑，不知选择什么，该做什么，有种焦虑感。”

有时候我们需要明白，没有最合适的行业，也没有最理想的工作。任何工作都能锻炼人的意志，都能体现人的智慧和价值。

第三，把跳槽作为战胜挫折的办法。

很多人在遇到挫折的时候，就认为自己“怀才不遇”，就认为自己是“遇不到伯乐的千里马”，这样的人很容易产生“另谋高就”的想法，他们觉得自己找到的下一份工作会更好。可是真的到了新公司，找到了新工作，却仍然能找到很多令自己感到不满意的地方。当在新公司遇到挫折后，“跳槽”的念头又重新浮现出来。

与其用跳槽回应挫折，不如主动应对，把自己的想法及时传达给老板，以免因为沟通不畅而造成误解。

第四，把跳槽作为寻找更好工作环境的机会。

“袋鼠型”员工往往认为跳槽就能找到更好的工作环境、更广阔的发展空间。

从短期来看，跳槽可能会让你获得暂时的利益，比如升职、高薪等，可是频繁跳槽的结果绝对不会是高位和高薪。据不完全统计，在高级人才中，频繁跳槽的人与其他人相比，高薪的比例是1:2。同时，频繁跳槽者个人资源的积累和自身能力的培养都相对大打折扣。

从表面上看，“袋鼠型”员工频繁跳槽直接损害的是企业和老板的利益，但从更深层次来看，对员工自身的伤害更大。有些人刚刚大学毕业，进入一个行业才两三年，换了很多份工作，这样的人是不会受到用人单位青睐的。如果频繁跳槽转行，就很容易成为“万金油”，什么都会一点，但什么都不精通、不专业。哪家企业都不喜欢这样的员工，最终他们只会从职场“宠儿”逐渐跳成职场“弃儿”。

任何工作能力的培养，都要经过一段时间的积累，熟练后才能精通。“袋鼠型”员工在一次次的跳槽中，让自己在以往的职业生涯中艰辛积蓄起来、沉淀下来的职场能量（经验、技术等）一次次归零。与其盲目跳槽，不如理智充电。

人生不打没有准备的仗，既然非要跳槽不可，那就瞄准适合自己的职业，先合理充电才是明智的选择。

利用空闲时间学习成长

如果你的空闲时间很多，不要慌张，不要焦虑，这也正是你的成长时刻。

只要你能够充分利用自己的空闲时间，聚沙成塔，你可以学到很多知识，以此成为你一生最宝贵的财富。

聪明人都懂得，要在空闲时间不断学习成长。

时间就是金钱。世界领先的全球管理咨询公司麦肯锡公司曾做过一个调查，它清晰明了地展示出了我们一天的空闲时间到底有多少，这份调查表明：美国城市居民平均每日工作或学习的时间为5小时1分；基本生活必需的时间是10小时42分；做家务的时间是2小时21分；闲暇时间有

5小时5分。四类活动时间分别约占总时间的21%、45%、10%、25%。对很多人而言，每一天都如此，没什么大的变化。由此可见，闲暇时间占了我们一天的近四分之一。有时候，我们确实把这些时间都浪费了，比如玩游戏、看电视、刷微博、刷抖音……总之，一转眼就过去了，最后什么都没干，一天就结束了。很多人根本就不懂得如何好好利用闲暇时间。

这个调查还表明，越是高学历者，他们越重视时间，他们的工作时间很长，学习时间也很长，自然，收入也比低学历者高很多。

爱因斯坦说过一句话："人的差异在于如何利用空闲时间。"很多人都认为，人与人之间的差距在于环境、机遇、能力及性格等方面。殊不知，因为对时间的利用率不同，所以每个人的人生截然不同。

只要充分利用自己的一些空闲时间，一个人就可能改变自己的命运。

对于一个渴望成功的人而言，他懂得抓住每一分每一秒，在闲暇时间里，他的大脑也是在运转和思考的。比如，在每日上下班的车上，可以读书，可以背单词，还可以收发邮件等。

一位繁忙的业务员,他连在路上的时间都不放过，每次下飞机时，他就开始给客户打电话，等到打完电话，他也差不多取到行李，走出机场了。他觉得，任何时间都不应该被浪费。

创作了经典长篇小说《红字》的霍桑，他在海关部门工作，所有的创作都是在工作后的空余时间完成的。

生活中，很多时候我们都在等待，每个人因为等待浪费的时间，数不胜数。在竞争如此激烈的当下，时间就是金钱。每个空闲时间都能创造价值和财富，所以，不要忽视那些空闲时间，好好利用它们，你也可以获得成功。

低调——职场的必修课

如果高调做事是一种成功的出击，那么低调做人就是胜利的防守。在职场中低调做人很重要，把自己的定位放低了，才能看见更多的东西；把姿态放低了，他人才能更容易走近你；把锋芒隐藏了，他人才愿意帮助你。能让他人主动地走近自己，这不仅是和谐人际关系的开始，更是良好人际关系的保鲜剂，可以说，低调做人是职场人永远不能丢掉的功课。

郑重读大学时是一个各方面能力都很突出的学生，毕业后顺利进入了一家很不错的公司。郑重认为，只要认认真真地工作，肯定会得到同事的认可和老板的栽培。进入这家公司的几年时间里，他兢兢业业地工作，每天第一个来到公司，最后一个离开。凭借自身的能力和对工作的极大热情，他很快就取得了良好的业绩，领导也多次在开会时极力赞扬他。

事业上的顺利成长让他渐渐有点骄傲自满了。对一些稍有难度的工作，他故意在同事面前把它说得很轻松，以此显示自己很有能力。

他经常对同事的工作指指点点："你怎么能这么做呢？你都不会……"看他人做得不好，他甚至半路"拦截"下他人的事情，也不管同事是否求助于他。慢慢地，大家对他有些微词，可是他浑然不觉，一直沉浸在自己的小成就里。

有一次，公司全体员工开例会，领导把近期的业绩做了一个总结，并下达了下一阶段的工作任务。作为会议的结束语，领导问大家还有没有要说的，郑重听后觉得有一个很重要的事情领导说得不是太全面。于是，他说他有问题要补充，接着就开始鸿篇大论，甚至还驳斥了领导的观点。在听取了郑重长达十几分钟的"演讲"之后，领导面有难色地表示郑重补充得很好，值得大家学习。

但从那次以后，郑重发现领导在有意冷落他，很多决策不再找他商量，进而又发现同事开始跟他保持距离。

站在创造业绩的角度上说，郑重是一名优秀的员工；但是在人际关系上，他是一名典型的失败者。他的失败之处就是不会遮掩自己的锋芒，给同事和领导造成了很大的压力和不满。

办公室靠的是种种微妙的关系保持着人与人之间的平衡。每个人都有自己的生存空间，当我们想舒展一下四肢的时候就要注意不要碰到他人。

职场是一个忌讳锋芒毕露的地方，在我们还是职场新人的时候，首先要做的就是审视自己，摆正自己的社会角色，把心态调整好。

置身于新的环境，我们需要放低姿态，低调做人。

有位学员刚毕业，来到一家杂志社工作。年终的时候，老板交代她写一个年度总结，要交给上级部门。交代完任务后，老板就出差了。她写好年终总结，看老板还没回来，心想：这么长时间了，既然我写好了，那就直接交上去吧。没想到等老板回来后，结果完全不一样。

老板问她："你的年度总结写好没有？"

她很得意地回答："早写好了，已经交上去了。"

"什么？交上去了？给我看看底稿。"老板的脸色有些变化。

看完底稿后，老板劈头盖脸地批评了她一顿，说："你怎么能直接交上去呢？你刚进杂志社对单位的情况了解多少？你知不知道，你写的有些数字和提法都是不对的。"就因为这份报告，老板也连带挨了批评。

其实，很多年轻人都会犯那位学员犯的错误，很多事情不想后果，只是凭感觉做事，认为这样就可以了。但擅作主张的结果往往是带来很大的麻烦，甚至造成不必要的损失。

所以说，不管是职场新人还是意气风发的职场达人，都要时刻明确自己为人处世的态度，那就是：低调，低调，再低调！

凡事要勤奋，要尊重一起工作的领导和同事，多交流，以谦虚谨慎的态度面对工作。工作中遇到不懂的地方要虚心请教他人，出现了错误不要推卸责任，应该主动坦白并承担。每天要微笑着上班，微笑着下班，时时调整状态，给人一种精神饱满、充满活力的积极印象。

遇到恶意的攻击时要告诉自己，人无完人，没有哪个人能被所有的人接受。在职场上遇到他人不友善的目光和言行时，不必报之以恶言，还之以颜色，要做一个不战而胜的聪明人，用沉默、低调和善意的姿态回敬他，练就不亢不卑的人格力量来征服他人。

对自己的薪水负责

大部分人都觉得，在职场中，自己有多大的能力、付出了多少努力是和拿到的薪酬成正比的。然而，也有很多人做事卖力气肯吃苦，能力也不差，却没有得到相应的报酬。出现这种情况的原因，主要是很多人不好意思谈薪酬。他们只知道职场薪水是挣来的，却不知薪水也是谈出来的。

一次，祝乾和大学同学约出来吃饭。吃饭时，祝乾提起了自己的同事小陈。

当初小陈月薪不过3000元，可跳槽至现在的公司，试用期2000元，转正4500元。祝乾听到小陈亲口告诉他这些时，当时就傻了，虽然不便明说什么，可他知道，作为行业资深人士，小陈这个“半路出家”的人在资历和能力上虽然过得去，但显然都跟自己有差距。当初自己几乎是老板当场拍板录用的，试用期工资仅仅1500元，转正之后3800元。而当初面对薪资问题，双方谈得比较含糊，祝乾只在求职简历上写了“服从公司岗位薪资标准”。

这么填写，祝乾觉得会比较“保险”，太出格的要求是刚入职的大忌；当老板看到业绩时，薪水自然会慢慢上浮。而小陈竟然一上来，就不按常规出牌。一起进来一年多，祝乾的能力和业绩是有目共睹，已经能够渐渐独立挑起项目。而小陈属于“甘草合剂”——不温不火，完成得了任务，却也不太突出，总之让人提不起神，但也挑不出毛病。

祝乾在知道真相后一度心理失衡，他责怪自己“太老实了”。至此他才知道，高薪也是可以谈出来的。

有些人总以为，只要自己努力工作，做出成绩，老板就会看在眼里主动给自己加薪。这样仁慈慷慨的老板或许有，但是遇到的概率可能跟你走在街上被天上掉下的馅饼砸中脑袋的概率差不多。除非你表现实在太突出了，如果你的一笔订单都赶上公司半年的产值了，老板会主动给你一个红包；否则，你只能自己争取加薪。

然而，和老板谈加薪，说起来容易，却是每个职场人士最为头疼的事情。如果直截了当地要求加薪，不仅老板不高兴，你也尴尬。如果再不巧遇上老板心情不好，不但你提出加薪的要求会遭到拒绝，就连你是否能继续待下去都是个未知数。所以，在与老板谈加薪的时候，我们不仅要把握谈话的内容，还要掌握时机。

有一次，梁建洲去参加大学同学聚会。聚会上，大家聊起现在的生活和工作情况，窦骁说：“像梁建洲这样的人才，到深圳最起码能拿现在工资的两倍。”并且还说，他们公司现在正好急缺人才，如果梁建洲有意，他可以向自己的老板推荐一下。

听到这个消息，梁建洲的确心动了一下，可仔细想想，老板对自己也还算不错，很认可他的能力；并且，他在与同事的合作上也一直很愉快；再则，现在的工作上升空间还是很大的，难得专业对口；另外，进入一家新公司，天晓得要磨合到什么时候，加上举家搬迁，动静可就太大了，即使薪水翻番，性价比似乎也不高。

但是，想到自己的薪水，他还是有些不甘心。于是，梁建洲打算找个机会和老板谈谈。一次，梁建洲跟随老板出差，某个下午从客户处出来后，老板带着梁建洲到了酒店附近的一家咖啡馆，目的是找个安静的地方，商讨刚才洽谈的细节。正事谈完，时间尚早，话题不知不觉转向个人生活。

老板谈到大学时代到如今的境况，不免感叹人生奋斗不易，气氛难得亲和起来。梁建洲就此提起，曾有家公司以一倍半的薪水挖他，但他拒绝了。老板惊讶地问他为何不去。

梁建洲侃侃而谈，他认为这家公司是他工作以来感觉最融洽的团队，自己与老板和团队成员都配合默契，如果离开这个可贵的团队，个人能力和发展就谈不上了。况且老板是个有担当的人，即使员工出现错误，老板也会包容和指正。而更重要的是，他个人的职业规划和公司的发展规划是相关的，跳槽并非他的目的……

这是入职以来，梁建洲跟老板谈话最深入的一次。听了梁建洲的一番话，老板大为感动，拍着梁建洲的肩连说“不错不错”。

“但是，让我想不开的是，低于行业标准的薪水无法很好地证实自我能力，同时心理也有些不平衡。我希望，您能考虑在原有的基础上给我加薪。”接下来，梁建洲提了一个合适的薪资数目，同时谈了自己下半年以及来年的工作目标。老板边听边点头，答应回去后好好考虑。

结果不难预料，一周后，财务部通知梁建洲要给他加薪。

职场精英的标志之一就是职位高、薪水高。那么，为自己谋求一份合理的薪水是每个职场人要做的事。虽然，跟老板谈薪水有时候让不少人感到为难，但是既然认准了职场，要当职场中的精英，就应该对自己的薪水负责，就要学会做一个职场加薪的“谈判”的高手。

第八章

常与同好争高下，
不和傻瓜论短长

从容说不，修炼拒绝的艺术

我们在生活中总是要面对不同的人和事，如果不想让自己委曲求全，我们就要学点拒绝的艺术。

刘扬平时工作很忙，有一年，好不容易等到了年休假，他打算去九寨沟旅行。

在刘扬发了朋友圈后，有一个朋友看到了，刚好那个朋友也要请几位同事一起到四川去玩，便极力邀请他同行，“那边所有食宿出行的事宜我都已经安排好了，你一个人，就和我们一起吧，不仅省了路费，彼此间也好有个照应。”

起初，刘扬一再推辞。可朋友很热情，弄得他很不好意思，最后实在没办法也就答应了下来。

但是，一路上刘扬的心情很不好，朋友和他的同事，住的都是豪华酒店，吃饭的地方也都是高级餐厅。吃饭时不喝得烂醉如泥都不肯罢休，去了景点疯狂地拍照……

刘扬真的无法适应这样的生活。

他想自己走，但是，那些朋友如此热情，怎么好意思不辞而别呢？

后来，他只能让公司的一个同事给自己打电话，谎称公司有事情要提前回去。

朋友信以为真，于是刘扬才得以“解脱”。

其实他知道，朋友的为人真的很不错，最后还开车把自己送到了车站，再三叮嘱自己路上要小心，到了发消息。

所以，他才不得已要说个谎，否则两头都尴尬。

刚进入大学那会儿，王明总会遇见不知道如何拒绝别人的情况。比如，室友不想去上课就让他帮忙签到，如果老师点名也应付说一声到，反正老师低头点名，又不刷脸对号入座……

刚开始时，王明也都乐意帮忙，然而时间久了，有一次被老师发现了，老师狠狠地批评了他一顿。

他虽然很生气，又不好说什么。

后来，一旦室友让他帮忙签到，他就和室友说：“老师检查旷课同学比较严格，我是有前科的人，恐怕不行了，要不然你问问其他同学，实在不好意思啊。”

这样，王明和室友们的关系一直很好。

小米属于那种平时很节省的学生。往往月底了，同学们的饭卡都刷光了，她的饭卡还有一百块左右，所以经常有同学问她借饭卡刷，一顿饭要一二十块。碍于情面与朋友关系，她又不好意思问别人要，而且，别人也不会主动还她。

于是，小米就吃哑巴亏，想着既然是朋友，钱也不多，就算了吧，实际上很委屈自己。

几次后，她首先主动向同学诉说自己的穷，而不是一脸严肃地拒绝。她说："家里总是不按时给我寄钱，你们一个月充饭卡的钱，我要用两个月，等到家里寄给我钱了，我才能去充卡……唉，害得我天天吃面和食堂送的例汤！"

渐渐地，没有同学问她借卡了，且同学之间并没有因此而发生矛盾。

江松和王晨同时应聘去一家公司的业务部，在实习期，他们总是会接到很多供货商的电话，要求跟他们公司合作。

江松接到供货商的电话，都是先去问领导，得知领导没有合作意向，就直截了当地说："我们领导说了，暂时不会考虑和你们合作。"如果对方再次打电话来，他就会说："上次已经说了，合作是不可能的，为什么还要打来？没什么事情我就挂了。"

很快，江松的"直言不讳"就传开了，很多人都说，这个公司的员工素质差，蛮横无理。没过多久，公司领导便不再允许江松负责业务方面的事宜了。

而王晨也常常接到同样的电话，他总是在对方讲完以后，很客气地告诉对方："感谢您的来电，不过领导现在不在公司，我可以记录下您的具体合作意向，然后转交给领导，至于最终是否会与您合作，那就只能由领导定夺了。"

事后，王晨在工作记录中，整理出这些供货商的电话，给领导过目，当然，他心里也清楚领导没有合作的意向。于是下次这些供货商再打来询问进度时，王晨就告诉对方："不好意思，我们公司有明确的分工职责，商业合作的事宜并不是由我来负责，所以具体情况我也不了解，我尽力，您再耐心等一下。"或者是："您的要求我会帮您记录、申请的，一有消息，我会第一时间电话通知您的。"

很多时候，王晨还会暗示说："据我所了解的，我们公司的仓库已经囤积了大量的货物没有卖出去，估计领导暂时也不会引进新的产品，但是您的意向我一定会转达的。"

久而久之，这件事也就不了了之了，对方也就懒得再打电话过来了。但是很多人都记住了王晨，认为他态度特别好。

实习期结束后，公司留下了王晨。

在人们日常的交往中，那些与别人相处得最融洽的人，并不是处处吃亏、为难自己的人，而是做得恰到好处的人。不将就，不攀附，有一颗强大的内心，从容地说出那个"不"字。

把“不生气”当成是自己的习惯

我们在日常生活中听到的那一句——“你把我的心情弄坏了”，其实是有误区的。因为没有你自己的允许，任何人都不能够影响你的情绪。

如果身边的一个朋友问你：“今天，你会快乐吗？”相信你在听到这个问题时，心中的反应是：今天还没有过完呢，我又不知道会发生什么事。所以你很可能回答：“看情况吧。”

但是，你需要看什么情况呢？看今天是不是会遇到自己喜欢的人？看今天是不是会遇到自己满意的事？那么问题来了，是今天发生的事情决定了你今天的心情吗？

一个真正的情商高手，在面对这个问题时，会毫不犹豫地回答：“当然会，我今天会快乐。”这一份坚定来自他对情绪的掌控，因为世界上只有自己才能对自己的情绪负责。

也许有人会质疑地问：“这听起来太不可思议了，心情怎么会跟别人无关呢？要不是他老对我无故大吼，我怎么会伤心？要不是客户无理取闹，我怎么会生气？如果‘另一半’彻夜不归，我怎么会不担心呢？”

人类各种各样的心情，都与别人如何看待我们有着莫大的关系。

先举个简单的例子吧。

如果你在路上随便拉一个人，请他站住，然后找一群人围在他旁边，并对这些人提议说，希望他们在30秒之内，想出办法刺激这个人。

不一会儿，一群人就想出了很多方法——骂他神经病、对他动手动脚……

但是，只要这个人下定决心，对自己说："无论他们做什么，我都不生气!"那么，他就一定不会生气。

所以，情绪只掌控在自己的手中，只有自己需要为自己的情绪负责。

你决定不让自己生气，无论别人说了什么做了什么，也不会气到你。

很多人对于坏情绪的理解，可能有点狭隘，它不仅仅包括我们在日常生活中经常遇到的愤怒、难过等，还有颓废、担心，甚至患得患失、瞻前顾后等，这些都会成为成功路上的障碍。

意识到情绪的存在，是积极掌控情绪的第一步。当我们发现这些问题存在时，首先应该控制自己的情绪，整理一下自己的思绪，并通过观察对方的肢体语言，从中得到对方此时的情绪信息，关注对方的情绪变化。

如果你已经处在情绪之中，没有办法做出理智判断的时候，可以观察自己的肢体变化，从而得出结论。

比如：我的腿是不是在发抖？我说话的音量是不是变高了？我手心是不是出汗了？我的肠胃是不是感到不舒服？……这些看似微不足道的小动作，其实已经在传达你自己的情绪了。一旦注意到了这些微小的变化，认识自己的情绪也就容易多了。

这种认知需要培养，次数多了，你就越来越了解自己的身体反应，察觉情绪的存在也就越容易。在不同的场合，在不同程度的压力下，你需要有意识地进行练习。和同学吃饭、和客户谈合作、自己看一场悲剧电影……都能让你练习对情绪的把控力。

了解对方的感受越多，就越能避免伤人话语或行为带来敌对情绪的强化，避免自己做出有害无益的举动。对自己的情绪有了认知，只是控制行为的第一步。很多时候，当情绪一来，我们还来不及认知，就已经先行动了。

根据生物学家和心理学家的说法，当一个人遇到一件事情，最先产生的是本能和感性反应，过一会儿，大脑才会变得理智，逐渐控制低层次的本能反应。如果当时的环境特别险恶，会使理性思维出现“短路”，导致贸然行事。

小的时候，我们常常会这样感情用事：歇斯底里、大喊大叫、摔门……但，长大成人后，我们就要用良好的习惯代替一时的冲动。那些情绪化的坏习惯必须戒除。

请把“不生气”当成是自己的习惯吧！如果“不生气”

这种习惯你不熟悉，那么就多做几次。每一个习惯的养成，都来自动作的积累，大脑神经不断地重复着指令，做的次数多了，你大脑里的记忆也就越深刻，你的反应也就更加熟练，好的习惯便属于你。

当你运用这一法则的时候，连同积极心态一起应用，所产生的力量是巨大的，而这就是你思考、致富或实现任何你所希望的事情的根本驱动力。

“酒肉朋友”只是路人甲

酒肉朋友，是可以陪你喝酒吃肉，但是遇到什么事情，就缩到某个角落去了的人。酒肉朋友也指那些可以跟你共富贵，却无法做到跟你两肋插刀、同患难的人。可以保留一些酒肉朋友，但是心里要记得，他们，不过是路人甲。

我在报社的时候，有过这么一件印象深刻的事情。

有一天，我联系好了去采访一个商家，约的时间是下午1点半，但早上10点，领导突然跟我说，她下午3点需要开会，要3份不同的文字材料，让我帮她赶出来。

我打电话想和商家改成晚上采访，不料商家说她下午4点就要赶飞机去外地出差了，要一周后返回。而这篇采访的商家软文，又规定了第二天必须见报上头版的倒头条。

我觉得我铁定是做不完了，无奈之下，只好拨通了一位朋友的电话求助。这位朋友是我以前的同事，我把情况跟他说了，请他帮助我赶一下材料，他很爽快地答应了。

以我对这位朋友的了解，他应该能在下午1点前帮我整理好材料，我再火速打车赶去采访。

不料，这位朋友带着他的一位朋友来了，一到报社，他们一番介绍后，就开始四处参观。然后在我电脑前，拖了两把椅子坐下，开始天南地北地胡侃。从世界政坛到金融危机，从古希腊文明到历史渊源，我一面陪着他们胡侃，一面整理文件，心里急得直冒火但也无法发作。转眼到了午饭时间，我问："你们吃什么？"朋友的朋友很"自来熟"地说："楼下的川菜吧！"

于是我只好带着他们去了川菜馆，他们还要了啤酒，以酒开道、以酒会友，这酒喝起来也就没完了。我对朋友提醒了几次，他说："别急别急，保证帮你搞定！你的事情就是我的事情！"接着继续喝酒聊天。

我一气之下，匆匆结账告辞。回到办公室后迅速查找资料，大脑飞速运转，此时一位同事来帮忙，紧赶慢赶，下午1点25分的时候，材料终于准备得差不多了，我连打车的时间都没了，直接冲下楼叫了个"摩的"把我一路载到商家那里，完成采访后又赶回报社写稿子。

百忙中我出了纰漏，把商家的电话号码写错了一个数字，为这个事情，我被扣了当月的奖金。

这件事情让我知道了什么是“酒肉朋友”——酒肉朋友再多也无益处，无非吃喝玩乐，遇难事照样没人帮你。

看看我们的通讯录，什么样的人都有，但真正痛苦时，或需要帮助时，把电话号码簿从头翻到尾，谁是那个可以第一时间赶到我们身边的人呢？大多数，都是和工作有关的朋友，一部分，是和生活有关的朋友，那么，和生命有关的朋友又有几个？

当然，这并不可怕，可怕的是，那些通讯录上被“酒肉朋友”占据了大多数的人——我的一个朋友说：“如果微信不改真名，哦，不，即使改了真名，我也不知道谁是谁……”因为，那些都是在各种交际应酬场合随手“扫一扫”的“朋友”。

其实，结交酒肉朋友吃喝玩乐，让自己轻松一下，也无可厚非，但是，请不要把期望值寄托在他们身上，否则，你将会因此而失落、痛苦。更不可以结交酒肉朋友为荣，以此大肆炫耀自己人脉广。

那么，如何判断对方是真朋友还是酒肉之交呢？

我认为“路遥知马力，日久见人心”，这些年，我也有了一定的经验，可以分享给大家做参考。

有一种“酒肉之交”，最显著的特征是：喜欢在社交场合重复我们说过的话。就像一只复读机，初一接触，我们会认为他们非常热情、考虑特别周全。在交流的时候，他们会反复重复我们说的话，比如，我们说“这朵花真好看！”他们马上会说“是，是好看！”通过这样的重复，他们让我们感到他们和我们是心气相通的。不过，等我们真的去找他们帮忙时，他们也无非是把我们的苦衷再次重复一次——并没有实质性的帮助。

还有，我们常常看到这样的人，他们在朋友面前把胸脯一拍：“没问题，这件事包在我身上！”但这胸脯拍得越响，我们的心里就越没底。睡一宿，第二天他们就把我们的事情丢到了九霄云外；过些日子，我们问他们事情的进展如何时，他们能想起来才怪！

网络上有人开玩笑，说朋友就像人民币，有真的也有假的。所谓酒肉朋友就是有事没事拉你出来唱歌吃饭，但关于你的事情，他们从不过心。你可以保留一些这样的朋友，但是，你不要把希望寄托在他们身上，因为对于你，他们不过是路人甲而已。

不要在负能量的人身上浪费时间

朋友虽然是世间最单纯的一种交往模式，但也要互惠互利的。你敬我桃李，我报以琼浆，当你只会一味地索取，任谁都会觉得疲惫，感觉郁闷。

有一类朋友，自己没有主心骨，却总爱把负面能量扔给别人，自己不舒服不说，还把朋友也拖得精疲力竭。他们把朋友看成自己的避难所、垃圾桶，他们自己不断地倾倒苦水，却从不考虑朋友的心情和处境。

如果你身边有这种人，那么最好“敬而远之”——因为，物以类聚，人以群分，跟着爱抱怨的人，你也会成为“怨妇”。

一个乐观向上的人，如果身边经常出现一个常常抱怨的人，那么你会发现从前乐观的那个人不见了，出现了一个疲倦、忧愁的面孔。情绪就是这么不讲理，它无孔不入，一不小心就把你传染了。

王蕊有个朋友叫陈珍珍。陈珍珍什么都好，但是性格简直是“林妹妹”的翻版。用王蕊的话说，就是那种整天愁眉苦脸、唉声叹气的小主。

每每一有不开心的事，陈珍珍第一个想到的就是王蕊。看到朋友不舒心，王蕊当然是百般劝慰，让她凡事看开些，别总由着自己的性子来。但王蕊的这番话，跟吹过去的一缕清风一样，陈珍珍根本听不进去。

那天，王蕊要和男友一起去拍婚纱照，正准备出发，陈珍珍通过微信发过来一句“我不想活了，你在哪里?”王蕊一看，吓了一大跳。于是丢下男友，就奔向陈珍珍那里。一问才知道，原来陈珍珍和男朋友闹矛盾，她赌气说要分手，结果男朋友也很生气，说了一句“分手就分手”，就把电话关了。陈珍珍这下真的急了，于是缠着王蕊，要她帮自己想办法挽回……

王蕊只得安慰陈珍珍，又是请吃饭，又是请喝咖啡的，总算是安抚住她了。回到家后，王蕊的男朋友很生气，问是他重要还是她的那个朋友重要？两人不欢而散。

这事还没完，因为陈珍珍的男友受不了她的小性子，这次是真的决定和她分手。

这下不好了，陈珍珍寻死觅活的，不是不吃饭，就是哭个不停。就像祥林嫂一样给王蕊讲，自己这么多年苦心守候这份感情，男友怎么能这样，说分手就分手……王蕊安慰了她半天，因为手里实在是有工作要做，只好说：“我先回去把工作做完了再来看你好不好?”不料，陈珍珍一听这话，顿时歇斯底里发作起来，说自己没有爱人，连朋友也不要她了……王蕊茫然了，无所适从。

我身边也有这么一位“负能量”的主，不过，是位男性朋友，姑且称他为才子先生。

才子先生，用他自己的话来说，就是年少时家境贫寒，半工半读，他自认为写得一手好文章，还懂点乐器，类似二胡什么的。只是大学里什么社团活动都没他的份，因为他见人就抱怨，不是认为某老师的资质平庸，就是觉得某比赛有“黑幕”……

大学毕业后，我和他一起做了“北漂”。结果，难得见几次面，每次见面他都说北京很挤，说北京人很多，说北京的工作很累，说北京租房的价格吓死人，说“北漂”太辛苦……

我不知道才子先生在幼年时期经历过什么，但偶尔会在他义愤填膺的公开言论中发现他试图隐瞒却又溢出言表的情绪。我曾经以为那些年所受的伤害会在他逐渐强大的过程中慢慢退化成一种记忆，而逐渐被他放下，但偶尔翻阅才子先生写的文字，那一种对过往的执着黏附着他的生活，非但没有消退，反而有了愈演愈烈的趋势。

我告诉才子先生——让那些伤害成为一种记忆吧，不是要他彻底忘记，而是希望他不要再反复回味伤害带给自己的苦楚，要积极乐观地面对生活。

但是，当我发现他听不进去我的话时，我只能义无反顾地和他疏远了。

现代生活，疲惫又忙碌，再加上各种压力袭来，我们当然需要有轻松的朋友，找个舒适的环境，把心中的苦水倒出来。但，就是有这样的一类朋友，把我们当成了“垃圾桶”，和他们在一起，他们的负面能量如洪水一样泛滥，让我们整日浸泡在苦水中，哪里还有心情品味生活之美好？

我们无法选择自己的出身，却可以选择自己的朋友，选择自己的未来。如果可以，不要在负能量的人身上浪费太多时间。去靠近一个正能量的人，让自己也充满激情和能量。

别让时间稀释了友情

俗话说：“老木柴最好烧；老酒最好喝；老作家的著作最值得读；老朋友最可靠。”感情越老越值钱，老朋友的意义在于互相感慨彼此的变化。

有一天，我正在上班的时候，突然接到一个微信好友申请。申请理由是，“我是你的小学同学”。

说真的，这样的诈骗信息也不少，我当时想都没想，不予理睬。不料到了中午，电话响了，是一个陌生的号码，对方说：“我是阿军啊！你为什么不通过我的好友申请?”

“阿军?”我一下子没反应过来，“哪个阿军?”

“你都忘了我啊？小学六年级我转学来的，和你做了一年同桌，那时候班主任让你辅导我的功课，还有下课后你请我吃棒冰……”对方滔滔不绝。

我突然想起来了，是的，小学六年级的时候，老师让作为班长的我帮助一名转学生，我和他做了同桌……没想到真的是小学同学！一个许久不曾联系过的朋友，让我一下子觉得很亲切，也为自己之前的猜疑感到不好意思。

阿军说：“我远在美国，超级想念老同学，想念家乡……”

我们在微信上聊开了，那些被忙碌的生活渐渐淡忘的点滴趣事，让我们心里都暖暖的，虽时隔多年，当初的友谊依然那么醇厚，让人久久回味。

很多人为了忙碌的生活，因为时间或者空间等原因，和昔日的朋友渐渐地失去了联系。但，这次我发现，真正的快乐只是来源于生活的点点滴滴。比如，接到许久不曾见面的朋友的一个电话。

那一刻我感到无比幸福，因为在某一刻，某一点上，会有一个人想起自己。

很多人宁愿找些陌生人或者自己不熟悉的人聊天，也不愿意和以前的好朋友聊天。也许，他根本不知道和朋友要聊什么，也不知道要从何聊起。因为时间长了，而慢慢疏远了，渐渐地陌生了。

但，每个人都有自己的老朋友，或许你们已经很久没有什么来往了，甚至你们已经好久没有想起彼此了。但是曾经在一起度过的那些美好时光，你们还是会记得；想起彼此带给对方的欢乐，你们是不是还会会心一笑？

相比那些新的朋友，老朋友更能够让我们找到原来的自己，因为老朋友就像是旧明信片，看到他们就能看到回忆中的自己。

生活中，无论一个人走得多么远，总还有曾经的根，在生活中拼搏累了，总会感慨曾经的岁月。在那些特殊的岁月里，那些质朴、天真、善良的朋友，他们总留着一个非常的角落，供疲惫的我们小憩，安慰我们受伤的心灵。

不要丢掉自己的陈年故友，不要让时光割断一切友谊。

也许年轻的心随着岁月的流逝已经老去，但是记忆总是在我们看到那个人的时候，依旧恍如昨日。

走过了多年的岁月，当我们逐渐淡忘了过去的岁月，当我们在工作中再也找不到那样纯洁、真挚的友谊时，给自己一个机会，去回顾多年来我们所感受到的友情、真诚和关怀，这些诚挚的感情，让我们感到不再孤单和寂寞。拿起我们手中的电话，联系一下我们当年的老友，或者通过发达的网络，寻找一下自己失散多年的老友，无论彼此之间的友谊是否变淡，请遵守当年明信片上那“友谊永存”四个字的承诺。

承诺之前，请给自己和他人都留余地

一个人若想在名誉、能力方面得到社会、公司长久的认同，必须持续地在每一件事上都要负责。在我们的工作事业中，没有可以随意打发糊弄的小人物、小事情，种下什么种子，将来必定收获什么样的果子。

一位员工好不容易在香港找到了一份工作。谁知道上班前一晚上因为太兴奋睡不着觉，第二天睡过了头，结果迟到了一刻钟，上司问他迟到的原因，他不敢直说，顺口编了一个原因说遇到了大塞车。后来，上司把他叫到办公室，递给他一份辞退信，说他不适合在本公司工作。员工问他做错了什么事，上司说，凡是有大塞车，当天的新闻都有报道。

在德国留学的一位华人学生，以优异的成绩毕业了，但他怎么也找不到理想的工作。奇怪呀，自己的专业很吃香，成绩也很好，为何这些大公司总把自己拒之门外呢？他决定再去找些较小规模的公司试试。没想到的是，他仍然被多次拒绝。终于在一家公司的办公室里，他向对方的人事主管发了脾气：你们这是种族歧视，我要告你们！

人事主管和颜悦色地把他请到了另外一间没有人的办公室，从电脑里调出一串他的资料，指着其中的两行字对他说：你看，你有三次和你的恩师吵架的记录。在我们国家，和教导自己的恩师有多次吵架记录的人是很难得到别人信任的。这位华人学生做梦也没想到，仅仅因为自己和恩师吵了几次架就影响了自己以后的就业，在事实面前，他只好认输。

人生的每一段经历都是自己书写的档案。消极工作会给老板、同事、客户留下一个不敬业、不负责任的印象，这种负面影响说不定会对我们以后的工作、生活造成障碍。

当朋友托我们给他办事时，我们尽力提供帮助是理所应当的。但是，办事要量力而行，不要做“言过其实”的许诺。

因为，诺言能否兑现除了个人努力的因素，还有一个客观条件的因素。平时可以办到的事，由于客观环境变化了，一时办不到，这种情形是常有的。

当你无法兑现诺言时，不仅得不到朋友的信任，还会失去更多的朋友。

有一个年轻人在银行工作。他过去的老师想开一家公司，因缺少资金，便去问他能不能帮忙贷款。他想："这是老师第一次找自己帮忙，怎么能拒绝呢？"当即一口答应。可是，老师的贷款请求并不完全合乎规章，他又刚参加工作，还没有说话的资格。所以，当老师租好门面，请好员工，等着资金开业时，他这里却拿不出钱来，搞得很被动。老师大怒，责备他说："你这不是捉弄我吗？你即使不想帮我，也不该害我！"他能说什么呢？只好苦笑而已。

有些人是不好意思拒绝别人而向他人承诺，而有些人则喜欢胡乱吹嘘自己的能力，随随便便向别人夸下海口，承诺自己根本办不到的事情。结果不但事情没有办成，自己的人缘也搞臭了。

既然许下诺言，无论刀山火海都不能反悔——你不能言而无信。

所以，干脆不要轻易向人承诺——不轻易向人许诺你可能办不到的事——这是不失信于人的最好方法。

要获得守信的形象并不容易。最要紧的一条是：别答应你无法兑现的事。这不仅是一个主观上愿不愿意守信的问题，也是一个有无能力兑现的问题。一个人经常答应自己无法完成的事，当然会使别人一次又一次失望。

一个商人临死前告诫自己的儿子：“你要想在生意上成功，一定要记住两点：守信和聪明。”

“那么什么叫守信呢？”儿子焦急地问。

“如果你与别人签订了一份合同，但签字之后你才发现你将因为这份合同而倾家荡产，那么你也得照约履行。”

“那么什么叫聪明呢？”

“不要签订这份合同。”

我们在这里强调不要轻率地对朋友做出许诺，并不是一概不许诺，而是要三思而后行。尽量不说“这事没问题，包在我身上”之类的话，给自己留一点余地。顺口的承诺，只是一条会勒紧自己脖子的绳索。

多学习别人的长处，别总揪着别人的短处不放

做人应该是自信和要强的，但不可太过，否则就会变成自负和自傲。

今年公司招聘的大学生里有个叫李泉的，他人还没来，公司的员工就已经听到了别人对他的各种好评，就连新人培训结束后的第一次公司会议上，总经理也点名表扬了李泉，还特意嘱咐要让业务部经理重点培养他。李泉非常聪明，业务上手特别快，业务部经理也非常看重他，而且李泉长得特别帅，惹得公司一群小姑娘天天追在他后面搭讪。

相反，和李泉一起进公司的刘华就显得比较低调，两个人是同一大学同一专业，又同时被分到公司的同一部门，刘华来公司半个月了，大家还记不住他的名字。但偏偏，李泉总是有意无意地与刘华比较，刘华不善言谈，他总是夸夸其谈。开会的时候，经理让刘华发言，刘华就是汇报一下自己的工作心得和工作进度；而李泉发言的时候，除了汇报自己的工作以外，还要对其他人的工作“委婉”地提出建议，特别是在讨论工作计划安排的时候，他总是将别人的方案批驳

得一无是处。而且，他从来容不得别人的反驳，就连部门经理传达工作的时候，他也总能提出不合理的地方，逼得部门经理夸赞他业务能力强。但时间长了，大家对李泉都没有了刚开始的热情。

相反，刘华虽然口才不如李泉，但是在做工作方案的时候却表现出了他的能力，而且他的领悟能力特别强，领导和同事提出的问题，他总能迅速地吸收并做出改进。时间长了，大家在李泉与刘华的比较中，慢慢倾向了后者。李泉是长得好看，口才也非常厉害，但是，却让人感觉到不舒服，和他交流让人感觉太累，因为他总要争论出来他比别人强才肯罢休。

大家的偏向，李泉是能够感觉到的，于是李泉变本加厉地在会议上批评刘华的方案，有时候连部门经理转移话题他也不以为然。部门经理也曾经私下与李泉沟通过，让他不要锋芒过盛，说话过于咄咄逼人，应该多看别人的优点，而不是总盯着别人的缺点不放。

李泉还觉得委屈，感觉工作环境果然不如在大学时单纯，明明自己能力强，自己提出建议也是想要帮助别人，却被别人嫉妒，愈加地和同事无法相处下去，直接跳槽去了另一家公司。

可是，据部门经理说，李泉去的新公司正好是部门经理一位好友的公司。刚开始，新公司的老总也是特别看好李泉，但李泉总是秉性不改，即便他能力再强，无法与同事相处，新公司的老总也不得不请他走人了。

其实，李泉是真的很有能力，他自己也了解自己的能力，所以才会过于自信，总是看不起别人。但是每个人都有自己的长处与短处，我们需要做的，是多学习别人的长处，而李泉非但看不见别人的长处，还总是揪着别人的短处不放。

同事之间，最讲究气氛融洽，忌讳被比较，特别是与自己的短处比较。李泉与每个同事都无法和平相处，难免不令老板们"割爱"。

所以，当你想要阐述自己的想法时，请认真表达，切不可过于自负；当你看到不如自己的人时，不要随便比较，要知道，也许你所擅长的刚好是别人不擅长的而已。

别看着他人的朋友圈，为难自己

每个人都在朋友圈里羡慕别人的生活，去旅游了，晒了娃，秀了恩爱，等等，却不知道那些看似风光无限的背后，有着难以倾诉的心酸与苦涩。只是你看不到罢了，请醒醒吧，别看着别人的朋友圈，为难自己了。

李云有一段时间经常刷朋友圈。每天都会看到不同的朋友更新生活状态，养花、遛狗、烧菜、绣十字绣、出国、跳槽、晋升、读MBA，以及一批批的美照；她再看自己的生活，好像一成不变似的，每天上班、下班、吃饭、睡觉，波澜不惊的，就像白开水一样索然无味。她不禁想，为什么别人过得那么有滋有味，精彩纷呈呢？甚至在心里产生了一种不舒服的感觉，十分不爽。

直到有一天，朋友小舞给李云打电话，问她有没有空，想跟她喝杯咖啡。李云说自己还有稿子要写，小舞顿了一会儿，低沉着声音说："我找你有事，想跟你聊一聊。"

察觉到电话那头的异样，李云看了看时间，只能晚上再来加班了，而后丢下手里的事，打车到了与小舞约定的咖啡馆。才刚走进咖啡馆，她就看到小舞一个人坐在角落里，眼眶红红的，肿得像核桃一般。

"你怎么了？"

"我老公要跟我离婚。"

李云惊讶得说不出话来，小舞和她老公，几乎天天在朋友圈里秀恩爱：昨天在泰国海边度假，今天在香港购物，明天去野外搭帐篷露营……羡煞众人。而且，小舞之前跟自己说过，她和老公约定了不生小孩，想去哪里几乎是说走就走，不像朋友圈里其他结了婚生了小孩的妈妈，每天都围着孩子转，日子过得一地鸡毛。很多朋友都说特别羡慕小舞，与自己喜欢的人，过着自己喜欢的日子。

"你们发生什么事情了？怎么会闹到离婚的地步呢？"

"他家嫌弃我不能生！"

"你们俩不是约定了做'丁克'吗？"

"是啊，结婚头两年，我们确实没打算要孩子，可是后来我妈也催，婆婆也催，我俩抵抗不住，就想着要一个吧，可就是要不上啊。这些年，几乎天天跑医院，前前后后没少花钱，但我就是没怀上。上个月，婆婆急了，直接到我们家来闹了一阵子，我老公就跟我摊牌了，说要离婚！"

"怎么会这样呢？你们不是天天在朋友圈晒……"我的话没说完，就被她激动地打断了："你怎么也这么弱智？朋友圈能当真吗？人要是能每天都活在手机里就好了。"

李云在那一刻才幡然醒悟，每一个人都会羡慕别人在朋友圈里发的状态，去哪里旅游了，收到什么礼物了，收到了多少红包，和哪个著名影星合影了，等等。这其实是一种比较心理。

但我们不知道的是，那些幸福与繁华的背后也有落寞、伤感，甚至和每一个普通人一地鸡毛的日常生活一样，也有争吵，有恼怒，有眼泪，有压力。

曾经在网络上看到一篇题目为《快来扒网红真相》的文章，主要内容是澳大利亚一名年仅19岁的网红，竟有10多万的粉丝，她拍的照片和视频受到了大量青少年的追捧。但她在视频中讲述了社交媒体背后的自己："你们在社交媒体上看到的我不是真的我。我从12岁到16岁，花了4年的时间研究如何成为一名网红，而从16岁到18岁，则在花尽心思讨好自己的粉丝。我每周都要花超过50个小时的时间泡在网络上，晒照片、发食谱、回复粉丝、做视频……我说那是我偶尔晒出的一张照片，让你们觉得这就是我随手拍的日常，其实，并不是！那明明是我费尽心思打扮了自己，花了很久的时间拍照，然后从很多照片当中选出的最好的一张。有一天，我晒了一张比基尼照片，照片里的我小腹平坦，可是你们并不知道我为了拍出那种效果，已经饿了整整一天了，摆了100多个姿势，才拍出这一张。在社交软件上，我只是一个数字！你们觉得10万粉丝很厉害，但第二天，你就会想要

20万，甚至更多。我上瘾了，我沉浸在别人对我的赞美当中，我以为我拥有多少粉丝，就真的有多少人喜欢我。可离开了社交网络，我甚至都不知道自己是谁了。”

之后，她退出了社交网络，因为她受够了活在手机里的生活。

我们都喜欢跟身边的朋友分享快乐的事情，想让自己看起来光鲜亮丽，而那些糟糕的事情就被自己藏在心底，只会在深夜的时候，涌上心头，掀起伤感的情绪。

当今社会，很多人成了现代科技的俘虏，到处都是智能手机，到处都有免费的Wi-Fi信号，我们几乎沉浸在朋友圈当中，不可自拔。而各种新鲜事物的更迭、各种手机软件的更新、朋友圈的动态每分每秒都在变化，我们在这个快速旋转的虚拟世界里，逐渐迷失了自己。为了发一条能够引起很多人关注的朋友圈，我们不惜花费巨大的时间成本，拍照、修图、编辑语言……

醒醒吧，我们需要活在现实里，不要在别人的评论和热捧中一步步迷失了自己，不要让自己在网络世界虚拟的浪漫和繁华里沉醉不醒。

第九章

赴一段无关风月的旅程

没有人愿意欣赏你抑郁的脸

“没有人愿意欣赏你抑郁的脸”，这句话很有道理，一张面带微笑的脸，往往比一张满是失落、愤懑、悲观的脸更有吸引力。

有一个小男孩，在7岁那年吵着说想见上帝。母亲无奈地告诉他：“上帝住在一个很远的地方，必须要走很长的路，要花很长的时间才能到达。”男孩认真地听着，心里当真了，他准备了一只手提箱，里面装满了巧克力，还装了几瓶饮料，他想走很远的路，花很长的时间去见上帝。

一个周末，小男孩拖着手提箱走出了家门，他沿着街道一直往前走，一走就走了三个街区，眼前出现的是一座公园。有一位老太太坐在公园的长椅上，盯着时飞时落的鸽子。

小男孩顿了顿，挨着老太太坐了下来。他打开手提箱，拿出一瓶饮料，正准备喝呢，无意间瞄到老太太正看着自己，眼神充满了羡慕和渴望，小男孩感觉她饿了，于是慷慨地拿出一块巧克力，递给了她。

那位老太太接过巧克力，笑着看了看小男孩，脸上挂着的是温暖慈祥、亲切纯善的神情。小男孩突然觉得心里舒畅极了，仿佛整个世界都充满了阳光，四处都是鸟语花香。大概是还想感受一下刚才的笑容，小男孩又递给老太太一瓶饮料。老太太欣然接受了，又回赠给他一个完美的微笑。小男孩也笑了，笑得天真无邪。

那个下午，两个人就这样静坐在公园的长椅上，他们一边吃，一边笑，自始至终都没有开口说过一句话。直到天色逐渐暗了下来，小男孩觉得累了，他站起身，想回家了。不过才刚走出几步，他突然转身，跑到老太太的面前，给了她一个紧紧的拥抱。

老太太展现出完美而慈祥的微笑，小男孩快乐地回到了家，他拖着手提箱进了门，母亲觉得非常好奇："孩子，发生了什么事吗？你看上去很快乐！"

"妈妈，我告诉你，我与上帝共进午餐了。她给了我最美好的微笑！她看上去那么慈祥亲切！"小男孩一边说，一边露出喜悦的神情。

与此同时，在另一个家庭里，也上演着类似的一幕。

那位在公园长椅上静坐的老太太，也是一脸容光焕发地回到家，她的儿子看到她那安详、平和的神情，十分吃惊地问："妈妈，今天发生什么事了吗？您这么开心！"

老太太一脸的意犹未尽，开心地说："孩子，我今天在公园里遇见了上帝，他还和我一起分享了巧克力。没想到上帝那么年轻，比我想象中要年轻得多……"

法国著名作家大仲马说："人生就是一串由无数的小烦恼组成的念珠。"不管是谁的人生都会拥有很多风风雨雨，每个人走的道路也都会有坎坷，不过世界上的路并不只有一条，希望也并非只有一个。面对生活，与其低首蹙眉、郁郁寡欢，不如一路悠然、轻歌曼舞。当我们看过世间的风景，我们会发现不管遇到什么，都是生命的典藏。

为生活打拼时，最不能忘记的还是读书

"腹有诗书气自华"，读书是一件好事，使人心胸开阔、气度高雅、品格升华，极大地优化了人的社会形象和人生价值。

一个人想要成功，拥有广博的知识面是非常重要的。我们只有坚持读书，才能在面对生活和工作时，摄取足够的知识储备；我们只有坚持读书，才能使自己的事业更进一步。另外，读书还可以帮助我们交到更多的朋友，积累丰富的人脉。

有一位董事长，年轻时从事汽车代理业务，积累了一亿

身家，后来改行做大型百货超市，财富不断翻番。当他到了60多岁想要退休时，拥有的资产已近60亿元人民币。

有一个年轻人非常羡慕他，跑去向他请教成功的秘诀，他淡淡地说道："其实赚钱很简单。我的秘诀就是多读书，不断地补充知识，学习、学习、再学习。我办公室的书桌上，永远都会放着几本书供我翻阅。"说着，他说起了自己之前的事，说是有一次同一家厂商谈判，这家企业的总裁是位40多岁的荷兰人。他跟荷兰总裁聊天，问："您喜欢打高尔夫球，还是游泳、慢跑？或是其他爱好？"

"所有的成功者都是阅读者，所有的领导者都是阅读者，因此，我最喜欢的是阅读。"荷兰总裁说。

讲到阅读，董事长就兴奋起来了，他本人也非常喜欢读书，于是接着问："那您最喜欢读哪方面的书籍？"

荷兰总裁说："我最喜欢研究中国的哲学。"

董事长又问："您最喜欢读谁的书？"

对方答："老子。"

"您喜欢读老子的什么书？"

"《道德经》。"

恰巧董事长对老子有研究，对老子的哲学理念有着非常透彻的理解，双方谈得越来越投机。荷兰总裁对董事长非常佩服，合约自然而然就签了下来。看，阅读对谈生意也有帮助。

我们每天在职场当中为生活、为未来打拼，但是请不要忘记读书，如果没有源源不断的知识动力和精神支撑，我们拿什么来面对竞争呢？唯有读书，才能让我们相对容易地融入时代潮流，跟上社会发展的节拍，激情洋溢地投身到工作中。

近年来，随着生活节奏的加快、工作压力的加大以及网络等新兴媒体的崛起，那个渴望读书的时代仿佛一去不返了。似乎有时间逛街购物，有时间泡网，有时间追电视剧，却唯独没有时间读书。没有阅读，就没有心灵的成长。阅读虽不能改变人生的长度，但可以改变人生的宽度；不能改变人生的物相，但可以改变人生的气象。

“好书悟后三更月，良友来时四座春”。捧一本好书，品一杯香茗，原是很多人生活中的享受。

别走太快，人生只有三天

有位禅师曾经说过：“人生只有三天——昨天，今天和明天。活在昨天的人迷惑，活在明天的人等待，只有活在今天的人最踏实。”今天，你别走得太快，否则，将会错过一路的好风景！

有一天有一位富人来到海边，在小渔村的码头上看到渔夫的小船上放着几条大黄鳍鲔鱼，禁不住赞美了一番，而后好奇地问道：“请问你需要多少时间才能抓到这么多鱼？”

渔夫不以为意：“不一会儿就抓到了。”

富人再问：“那你为什么不再多抓一会儿？这样你就能赚到更多的钱了。”

渔夫摆摆手，说：“这些鱼已经够我一家人一天的生活所需了！”

富人不甘心地问：“那你剩下的时间都做什么呢？会不会很无聊？”

渔夫很惊讶地说：“不会啊，我每天都睡到自然醒，然后出海抓几条鱼，回来和孩子们玩耍。中午睡午觉，晚上到村里喝点小酒，和朋友们玩吉他、唱歌、跳舞，日子充实又忙碌！”

富人还不甘心，说道：“我读过美国哈佛商学院的MBA，我可以帮你的忙！你每天应该多花些时间抓鱼，这样就有更多的收入了。渐渐地，你可以买大船，然后抓更多的鱼，然后买更多的渔船，直至最终坐拥一支渔船队。到那个时候，你就不必把鱼卖给鱼贩子了，你可以直接卖给加工厂，这样就能挣更多的钱开一家罐头工厂了，还能到芝加哥或洛杉矶，甚至纽约去扩大企业。”

渔夫笑了笑：“这要花多少时间呢？”

富人答：“15到20年。”

“然后呢？”

富人大笑：“只要你愿意，你可以宣布股票上市，把你公司的股份卖给投资大众。这样你就可以每天几亿几亿地赚钱！”

“然后呢？”

“到那时你可以搬到海边的小渔村享受生活。每天睡到自然醒，出海随便抓几条鱼，跟孩子们玩玩，再睡午觉。傍晚时，晃到村里喝点小酒，跟朋友们玩玩吉他！”

渔夫笑了：“干吗这样费劲呢，我现在不就这样吗？”

按照富人的规划，渔夫一定会赚得盆满钵满。可是，我们要知道鱼和熊掌不能兼得，如果我们一直去追求钱财等身外之物，一定会失掉心灵享乐的时间。人生就好比一匹奔腾的马，被拴上了车套，在功名利禄的诱惑下，只顾卖力奔跑，哪还会有时间停下来欣赏路边的野花野草呢？

据说作家林语堂在工作时十分严肃，当他在自己的书房写作时，就把门关着，谁也不能打扰他。有时候因为创作需要，他一连十几个小时都闭门不出。可是，在工作之外，他也会花很多时间去旅行、逛旧书市场、钓鱼、养花等。

为什么呢？因为正如清朝诗人张潮所言："花不可以无蝶，山不可以无泉，石不可以无苔，水不可以无藻，乔木不可以无藤萝，人不可以无癖。"一个人不会放松是可悲的，不舍得放松也是可悲的。

对普通人来说，时间是个常数，一天就是一天；但对勤奋者而言，时间却是个变数——用"分钟"来计算时间的人，比用"小时"来计算时间的人，时间多出了59倍。

生命是用时间组织起来的材料，珍惜时间就是珍惜生命。我们的确要抓紧一切时间来积累将来成功的资本。可是，将所有时间毫无保留地倾注到学习和事业中，真的是对价值的最好诠释吗？

有时候我们会发现自己终身都在耗费时间与取得成功之间博弈。只是，我们也察觉到一味努力地将时间填满，并不意味着能取得更大的成功，还不如适当有效地休息，培养兴趣爱好，及时调整身心状态，争取用最少的时间做出最成功的业绩。

要知道，把时间用在娱乐中、爱好上，目的也是为了更有效率地利用时间。

经历过高考的人都知道在考试前一周，老师在讲台上会建议学生在这周内以放松为主，调整好学习状态比不分昼夜地用功更重要。这是为什么呢，因为决定考生命运的是考场中的几个小时，其余时间即使再刻苦、成绩再好也没有用。因此，要利用好考场内的时间，就必须进行必要的休整。平时花大量的时间练习，是在准备；同样，考前花时间调整自己的状态，也是在准备。

工作也是如此，该放松时就要放松。把全部精力花在事业上，不见得就能成功，而把握好关键性的时间段，效果可能更显著。因为必要的休闲和放松是为更好地提高效率，能用一小时就达到有效的目的，就不要花一天时间。

当然，有一个亘古不变的道理是“玩物者，必丧志”，放松的目的是为了取得更大的成功，是为将来的成功打基础。因此，我们要学会把握放松的“度”，心中要有个“大方向”，毕竟任何形式的放松都仅仅是获取成功的一个辅助手段，而非主要途径。

日子再难，也要和家人一起吃早餐

没有了我们，公司可以在短短几天内就找到接替者，而家人如果失去我们，则会痛苦万分、悲伤欲绝。工作是我们生活中重要的组成部分，但家人是我们生活中更为重要的存在。因此，为了工作放弃陪伴家人，真的不是聪明的做法。

美国通用电气公司的前CEO杰克·韦尔奇在担任CEO期间，一定会保证在百忙之中抽出时间陪伴妻子和孩子，他很清楚，家人是自己生活中的重要部分。给家人足够的陪伴，不仅能让他们开心，也能让自己获得放松和调节。

他认为，与家人共度的美好时光使自己得到全身心的放松，使自己能以更充沛的精力投入到工作当中。

对我们每个人而言，陪伴家人是我们作为家庭一分子应该履行的义务之一。因此，只要没有紧急工作，每晚都应该尽早回家，帮家人做做家务，给孩子讲讲故事，尽享天伦之乐。就算平时很忙，周末也应该推开一切事务，专心陪他们。

当然，陪伴家人需要掌握一定的方法，要学会如何与家人更好地相处。

第一，要清楚地表达你对他们的关心。我们当然都希望与家人之间没有任何摩擦和矛盾，这时候，沟通技巧显得尤其重要。具体的技巧有以下几点。

(1) 创造交谈的机会。

我们每个星期都应该抽出时间陪伴家人，就算不得不总是待在车上，从一个城市奔向另外一个城市，我们也应该适时地抽出空闲时间通过电话与家人进行沟通。

(2) 坚持家庭聚餐。

每天回家后，跟家人分享自己当天的活动，还应该经常参加家庭聚餐，顺便分享自己的生活经历，这会让家人间的关系越来越好。

(3) 和你的孩子们进行个人约会。

如果你已成家立业，而且有了孩子，一定要多花时间和你的孩子们单独在一起，这样可以让他们知道自己在你心中的重要性。有些孩子喜欢去餐厅吃比萨或吃冰激凌，有些孩子则喜欢去超市买零食吃，因此你带他们去餐厅吃比萨或一起逛超市，买他们喜欢的东西，是一个不错的选择。

(4) 以倾听为主。

和家人沟通时，要善于倾听。试着增进亲情关系时，倾听要比诉说重要得多。告诉父母一些消息时，尤其是不好的消息，父母的第一反应往往是满腹牢骚，我们别迅速反驳，不如听父母先说完，了解他们的真实想法之后再做判断。

(5) 利用好高科技。

家里的电脑并不只是娱乐工具。我们可以每个月都利用高科技为家人制作一次家庭月历，记录这个月每个成员发生的事情，还可以建立一个家庭博客，专门记录家里发生的事情。

第二，要照顾对方的感受。每个人都渴望与亲人保持密切的联系，但矛盾的是，有时与亲人关系太密切，自由就会受到限制，这让我们产生了一种被束缚的感觉。而事实上，多数人都会把别人干涉自己的自由看作一种控制，却很少想过对方或许只是想和我们多联系。因此，多体会对方的感受和感情，家庭才能更和睦。

第三，直截了当地提要求。不知道你们是否有这种感觉？虽是在和亲人交谈，但也会觉得像在跟陌生人说话，年龄和性别差异都可能造成这种可怕的隔阂。因此，有时候不妨直截了当地向他们提要求，消除因谈话造成的不必要的误会，进而不断改善家庭关系。

一个人的浪漫，是送给自己最温暖的礼物

很多年前，在我看《穿普拉达的女王》的时候，除了被那些琳琅满目的衣服吸引外，我也为可怜的姑娘感到不平。话说这米兰达怎么就那么刻薄尖酸冷漠呢，安迪从菜鸟一步步进化到时尚达人，为米兰达买咖啡、接娃，做那么多，可她怎么连个“谢谢”都不说，一句夸奖的话都没有呢？于是我暗自发誓，等自己有一天当了领导，我一定要好好鼓励这些孩子们，每个微小的进步都会奖励他们！

当我真的当了领导后才明白，所有“奖励”的管理方法——比如，评选每周最佳员工或在公司简报中撰写某员工的光辉事迹——全都弊大于利。奖励带来的副作用甚至比我以为的还要糟糕。旁观者不仅敌视被奖励的人，而且他们马上就会开始讨厌那个提出奖励的人——比如我。

你可能会很委屈，你对我说，你宁肯不计报酬加班加点，只为了做好领导吩咐的每一件事，这对你来说都是头等要紧的大事。每一个案子你都处理得令领导满意，甚至做得比领导要求的还好……

但是，我也推心置腹地告诉你，你别老指望上司的褒

奖。因为上司也有他们的难处，通常情况下，对一名员工的表扬都不会得到其他同事的认同，这就是人性。

如果你觉得不公平，那么，我建议你要学会给自己定目标，学会犒劳奖赏自己。

苏珊是我的一个作者，一次深夜聊天，聊着聊着她就发了几张“奋斗”的图，她说：“我不容易啊，这么晚了还在给你写稿。”

我说：“我又不是黄世仁，距离交稿期限还有一周呢。”

苏珊说：“不行啊，我答应过自己，如果提前完成了稿子，我就要买下那件喜欢了很久的旗袍作为礼物。”

我说：“你这是变相勒索我，要我给你加稿费?”

她哈哈大笑，说：“谢谢你提醒我还可以这么做。其实，这是我鼓励自己的一种办法。你也不想旗下的作者拖稿吧，而我敦促自己努力的办法就是，如果我做好了一件事情，我就买个礼物给自己。”

我说：“自己给自己买礼物啊？看上去有点可怜。”

苏珊说：“哪里可怜？这一屋子的礼物，都是我买给自己的。”

我仔细一看她“奋斗”的图的背景，果然，一室一厅内，装满了大大小小的咖啡杯、毛公仔……

我有点感动，但嘴上不服输：“也不过是正常单身女人的家居摆设，装什么高大上，说成礼物。”

苏珊发了个鄙视的表情，说道：“那玫瑰花的学名还叫

‘蔷薇科落叶灌木’呢！其实真的就是看你怎么叫，怎么想。比如，工作累了，我经常会学习一些美食的做法，你说是做饭，我说是好好地犒劳自己一顿；到了各种节日，如果没有和朋友相约出游，我就会去逛各种饰品店或商场购物，你说是‘虐狗’，我说是自己给自己送上一份礼物，一份温馨的祝福。”

我不得不连发一串“赞”的表情。

是啊，生活中，我们都习惯把奖励给别人，子女考了好成绩奖励一件礼物；朋友取得了成功，带着贺礼去恭喜；父母身体检查结果良好，去饭店吃一顿庆祝一番……如果，没有人在节日里给我们送上真诚的祝福，没有人在我们取得成功时表扬自己，大多数人就开始怨天怨地，感叹命运苍凉、人心险恶，生生把自己往抑郁矫情里虐。却唯独没想到，自己取得了小成就时，可以送一份礼物奖赏自己啊。

后来，苏珊交完稿子后，对我这样叙述自己的经历。

“小时候，帮母亲做了一点家务，她就会笑着奖给我一颗糖；读书时，每次考了高分，父亲也会不时拿出点奖品作为奖赏。那时候，经常会为了得到糖果、玩具等而主动地做家务，努力学习。

“大学毕业后，我所在的单位资不抵债，宣布破产了。有很长的一段时间，我因为胆小，怕面试时用人单位对自己说‘不’而待在家里。几个月过去了，我无所事事，父母用微薄的工资来养活我这个已成人的‘小孩’。我对自己说，我要写作了。但是，我还是怕，怕被退稿，怕写不下去……有一天，我对自己说，如果今天能写一篇完整的文章并且投稿，不管发不发，那么，我都给自己买下那条心仪已久的长裙。我做到了。我写的稿子，就是我真实的故事和心情。记得当时，我是用向母亲借的钱来完成对自己的承诺的。一个月后，我那篇小说发表在了当地的报纸上——虽然稿费不够那条裙子的钱，但，这是我的开始。

“所以，我从那时候起知道，我可以不断地奖励自己。”

“送件礼物奖励自己”——这看上去很像微商的推广营销，但是，我要说的是，生活中有许多东西都可以作为奖品。礼物不需要多么值钱，有时只是一本好书、一部精彩的电影、一个闲暇放松的下午茶时间，甚至只是睡上一个懒觉那样简单。

重要的是，那是给自己一个肯定的信号，一份信心，一个继续努力的支点。

当然，礼物也可以是昂贵的——比如，一次出国旅游，一个LV的手袋……之前的你，定是舍不得花这笔钱给自己送这么大礼的。你会觉得，这笔钱总应该有更好的用途：付房贷、给父母养老、给孩子报才艺班……

可是现在，你不这么看了。你是应该节俭，但是不应该对自己太过吝啬，总该适当给自己一些嘉奖，犒劳辛苦工作的自己。

不过你依旧舍不得拿工资去买这样的礼物，可你对礼物的渴望又是那么强烈，好像非要不可。于是你便利用周末的休息时间，挣这笔费用，每次累的时候，只要一想到这是在为自己心爱的礼物奋斗的，疲惫感就会不攻自破，取而代之的是心怀期待的愉悦。

在激励自己的同时，也给自己带来了一份快乐的心情。

当然有人反驳我，这些对礼物的执着只是三分钟热度，也许过不了多久，你就会渐渐褪去这份狂热，比如，你现在很想要个吉他，但买了回来也是落灰。

是的，我们多少会对曾经迷恋的东西失去兴趣，甚至后悔当时怎么脑子一热花了那么大一笔钱，但是，这应该是一种无法遏制的热情。和爱情一样，和人性一样。不是吗？重要的是，你要相信，尽管你没法一直保持这份狂热，你还是可以将这种发自内心的热爱保持下去。

你知道，到时它带给你的不再是狂喜，而是暖暖的心安和平静。

奥斯卡金像奖华贵迷人，诺贝尔奖至高无上，能获此类殊荣，自然是一种幸运。然而，这类巨奖，普天之下得到的又能有几人？

我们的生活平凡几近庸碌，我们的工作普通几近无闻。可就在这平凡与普通中，我们可以享受许多成功的小事，我们随时可以给自己奖赏。

请不要吝啬，尤其对自己。奋斗实属不易，多一点自我奖励，善待自己，关怀自己，就是对生命的奖赏。

第十章

将来的你，一定要比现在的你强

谁都不会轻易成长，也不会轻易获得

每一个生命成长的过程，都是一个克服重重阻碍、不断提高自我的过程，苦难的存在让我们的生命里充满了成长的机会。如果没有苦难存在，我们就如同温室里的花儿一样，感受不到春天的微风、夏天的雷雨、秋天的寒霜与冬天的白雪。我们的生命会变得枯燥而无味，享受不到收获的喜悦，甚至，将永远丧失成长的机会。

海伦·凯勒的名字对于全世界来说都不陌生。

她好像注定要为人类创造奇迹，或者说，上帝让她来到人间，是向常人昭示残疾人的尊严和伟大。

1882年，海伦·凯勒因一场高烧导致脑部受损，而后，眼睛失明，耳朵失聪。因为失去听觉，最后连话都说不出口了，于是她只能在黑暗中不断摸索着长大。

海伦·凯勒7岁那年，她拥有了人生当中第一位家庭教师——安妮·莎莉文。莎莉文在小时候差点儿失去了光明，她知道失去光明的痛苦。

在莎莉文的用心指导下，海伦·凯勒学会了用手触摸，学会了摸点字卡，学会了手语，也学会了读书，后来，她慢慢学会了用手感知别人说话时的唇形，从而学会了说话。海伦·凯勒也有了机会去接近大自然，感受在草地上打滚的乐趣，感受在田野里跑跑跳跳的快乐，体会在田里种下种子的生机感，体会爬到树上吃饭的刺激感……

莎莉文还带海伦·凯勒去摸刚刚出生的小猪，也带她到河边玩水。就这样，在爱的照顾与指引下，海伦·凯勒克服了失明与失聪的障碍，开始与其他人沟通交流。

海伦知道，如果没有老师的爱，就没有今天的她，所以她决心要把老师给自己的爱发扬光大。

海伦跑遍美国大大小小的城市，周游世界，为残障人士到处奔走，全心全意为那些不幸的人服务。

海伦·凯勒一生写了14本书，处女作《我生活的故事》一出版，立即引起了轰动。

海伦终生致力于服务残障人士，把一生都献给了盲人的教育事业，也因此赢得了全世界人民的尊敬。

在生活中，每个人都会经历许许多多的风雨考验，在人生道路上所遭受的风雨是为了更好地磨砺我们的意志。当我们失败或不顺的时候，如果坚信再试一次，也许就能看到雨后的彩虹。

曾经有这么一个人，在上大学的时候，他就开始踏入社会了，他想要尽快闯出一番自己的天地。和朋友们找工作实习不同的是，他想干的是属于自己的事业。为此，他跟家里要了一笔钱，作为自己的创业基金。刚开始，他进了一些货物卖，但是他没有什么经验，又缺乏市场洞察力，所以生意惨淡。最后别说赚钱，就连本钱都赔了进去。不过他认为这只不过是自己没什么经验而已，下次一定会更好。在这次失败过后，他并没有沉浸在痛苦中，反而很快振作了起来。

很快，毕业的时刻到了。对于他来说，这是他梦寐以求的时刻，因为他终于能放开手脚去拼搏了。他的家人给予他精神支持的同时，也给予了他物质支持。有了启动资金，就不愁生意做不起来。虽然家中建议他先观察市场，多了解了解再去做，但是他等不及，还是出手了。这次的结果和他第一次创业没有什么不一样，还是以失败告终。

但是两次打击也不能毁灭他创业的决心。这次他断了自己的后路，不再跟家里要钱，而是向朋友借钱，重新开公司。他不相信，自己这么优秀，生活会一直这样拿他开涮。可是结果仍旧是失败……一次次的挫折都没有将他打垮，他一次次地振作，但是他的生活和生意没有丝毫改变，唯一改变的就是他债务的数字。

后来他实在想不通，就找到了大学时代的导师，向导师倾诉。他对导师说："我实在想不通为什么，我已经非常努力了，但生活一再捉弄我。每当挫折来临的时候，我都告诉自己我还可以振作，但是生活没有给我一丝回报！再这样下去我真的不知道自己还能坚持多久……”

他的老师听完后没有马上发表意见，而是给他讲了自己的一段经历。他说：“我年轻的时候喜欢四处旅游。有一次，我徒步走到了一片草原中。那里鲜有人烟，草生得非常茂密。当时是下午，我想要快点走出草原，找到一个落脚地。在我走了一段路之后，不知道被什么绊了一下，摔了一个大跟头。不过我没有在意，因为我很着急，所以我马上站起来继续前进。但是没走多远，我又摔倒了。这个跟头让我摔得很疼，同时也让我反思，这是一片草原，没有树根的牵绊，我为什么会摔倒呢？等我仔细观察才发现，绊倒我的是一个草环，而且周围有很多，让我想不到的是，这些草环勾勒出了一个轮廓，而在这些草环中央是一片沼泽，那正是我即将通过的地方……”

听完老师的话，他若有所思。在那之后，他沉寂了一段时间，没有急于创业。在他周围的人以为他一蹶不振的时候，他厚积薄发，重新开起了公司，而且短短几年时间就让公司走上正轨，他终于成就了自己的事业。

造物主是仁慈的，他让我们每一个人都拥有成长的机会；造物主也是智慧的，他不会让任何人轻而易举地获得成长。无论是朋友还是敌人，是顺境还是逆境，都是帮助我们成长的机会，只是它们以不同的面貌和方式出现罢了。

人在世界上生存，总是免不了遇到各种各样的烦恼，我们的生活不可能一帆风顺，因为成长和进步不是在顺境中轻易获得的，而是需要我们在困难中逐渐领悟和收获的。我们在面对困境时应该牢记：生命需要经过适当的历练才能成长。

你管别人怎么想

我们不可能独立地存在于这个社会中，可是我们也不能因为这样，就让别人的议论成了自己人生的风向标。总是记得别人的议论，这是没有主见、没有自信的表现。这不但会影响我们的生活、学习，长此以往，还会让我们的心态更加消极，更有甚者，我们会不敢自己寻找未来，而是从别人的眼中寻找未来。

理查德·费曼是美国的科学奇才，他的妻子性格开朗，总是善于从一些小事中寻找生活的乐趣。所以，他们的婚姻生活很幸福，他俩也一直是身边朋友羡慕的对象。

有一次，费曼去了普林斯顿，妻子给他寄去一支笔，笔上写了一行金色的字：“亲爱的理查德！我爱你！”借此表达自己的爱意。

费曼很喜欢这份礼物，不过他转念再想，如果自己用这支笔，跟朋友讨论问题时不小心被朋友看见了这行字，他们会怎么想？想到这儿，费曼觉得不好意思起来，但当时经济条件不好，他又舍不得浪费，所以就刮掉了笔上的字才拿来用。

第二天上午，费曼又收到了妻子寄来的信，信中的开头写着："你是不是想把笔上的那行字刮掉？难道你不因为拥有我的爱而觉得光荣吗？"信的结尾用特大号字写着："你管别人怎么想？"读完了信，费曼觉得十分震惊，自言自语道："我为什么要管别人怎么想呢？人生是自己的，生活也是我自己的，我为什么要这么在意别人的目光？"

人生短暂，我们需要把握的东西有很多，如果你的人生总是不停地按照别人的要求来做自己，很显然，这样的人生是没有意义的。我们要知道，在人生道路上，我们只是别人眼中的一道风景，过去了，就会很快被人忘记。当你付出太多的努力来达到别人眼中的完美，别人也许已经失去了关注你的兴趣。所以，不要过多地纠缠于别人的评价，要学会做自己的主人。

有一天放学后，索尼娅·莎拉玛哭着回到家，哭得十分伤心。父亲耐心地向她询问原因，她断断续续地讲了在学校发生的事，班里有一个女生说她长得丑，还说她跑步的姿势十分难看。父亲听完后，笑了笑，严肃地说：“我能摸得着我们家的天花板。”

哭得满脸泪痕的索尼娅·莎拉玛听到这儿，立马停住了哭声，惊奇地睁大了眼睛：“你说什么？”

父亲又认真地重复了一遍：“我说我能够摸得着我们家的天花板。”

索尼娅·莎拉玛抬头看了看天花板，高度起码有四米，但父亲的身高不到两米，怎么可能摸得到天花板呢？索尼娅·莎拉玛摇了摇头，表示不相信。父亲又笑了，洋洋得意地说：“你不相信吧？那你也别相信那个女生说的话，因为有些人说的并不是事实。”

索尼娅就这样明白了，不能太在意别人说什么，要自己拿主意！

索尼娅在二十四五岁的时候，已经成了一名颇有名气的演员。有一次，她准备去参加一个集会，但她的经纪人说，因为当天的天气不好，所以这次集会应该很少有人参加，会场肯定是冷冷清清的。而索尼娅认为没关系。

经纪人认为，索尼娅才刚刚积累了一点人气，应该把时间和精力花在一些大型的、有名的活动上，这样才能增加自己的名气。但索尼娅坚持要参加这次集会，因为她曾经在报纸上公开承诺过要去参加。

结果，尽管那一天是下雨天，但因为有了索尼娅·莎拉玛的参与，聚集的人越来越多，而索尼娅·莎拉玛的名气也越来越大。

在生活当中，人人都不可避免会产生从众心理，有时候为了顾及面子，有时候是因为冲动，而失去了自己的独立判断，从而依附了他人的思想，受制于人。这其实是一种莫大的悲哀，无论什么时候，我们都要有自己的主见，自己为自己做主。

自己为自己做主，并不是要一意孤行，而是要忠于自己的想法，相信自己的判断，不被别人的看法和议论轻易左右，不要盲目地追随别人。

当我们太过在意别人的评价时，便容易在别人的逢迎或夸奖中迷失自己，更容易在别人的议论中失去自己的想法和判断。同时，太在意别人的评价会让我们经常患得患失，害怕一切可能产生的不好的后果。结果，自己承受的压力越来越大。每天面对着千目所视、万手所指的压力，我们总会害怕别人都在注意自己的缺点或疏漏。这可怕的想法会使我们退缩，逐渐失去积极主动的活力。

生活中，虚心地接受别人的意见有助于自己更快地成长，可是过分地依赖别人的意见会使我们丧失主见。意大利诗人但丁说过这样一句话："走自己的路，让别人说去吧。"很多人明白这个道理，但是能够做到这一点的人少之又少。我们总是太过在意别人的眼光，如果有人说我们的衣服难看，我们第二天就绝不再穿；当别人说我们的声音不够甜美，那么我们就会很少说话。做完一件事，我们总是依靠别人的评价给自己打分，别人的看法会被我们牢牢印在脑海之中，好的评价总会让我们心情愉悦，而那些不好的则给我们的生活带来无尽的烦恼。

如果不付诸实施，我们很难验证一个想法正确与否，因此，与其把精力花在一味地去献媚别人，无时无刻不去顺从别人，还不如把精力放在提升自己上。改变别人的看法总是很难，改变自己却很容易。我们可以参考别人的模式，但是中间的精髓一定要是自己的。

模仿他人，你永远只是一个无人赏识的赝品

每个人都是这个世界上独一无二的个体，有着上天赋予的独特能力和天赋，所以我们没有必要去羡慕别人，更没有必要去模仿别人。

春秋时代，越国有一位美女，名叫西施，即便是略施

淡妆，衣着朴素，也无法掩盖她倾国倾城的美貌。因而无论是她的音容笑貌，还是她的举手投足，样样都惹人喜爱，不管走到哪里，身旁的人都会停下来看她，惊叹于她的美貌。

不过，西施的身体不好，常常心口痛。有一天，她走在乡间的小路上，病又犯了，她皱着眉头，用手捂住胸口，乡间的人个个都睁大了眼睛看着她，纷纷赞叹西施流露出的娇媚柔弱的女性美。

越国也有一位丑女，名为东施，她相貌难看，而且也没有修养，平时说话特别大声，动作粗俗。但东施整天都在想着当美女，今天穿漂亮的衣服，明天梳漂亮的发型，可惜从来没有一个人说她漂亮。

当东施看到西施皱着眉头、捂着胸口的模样能让这么多人称赞时，她也想学西施的样子。回去练了几遍后，她就紧皱眉头、手捂胸口地在乡间走来走去。可是，矫揉造作使得她原本丑陋的样子变得更难看了，乡间的人看到了，有的立马关上大门，有的拉着妻子儿女远远地躲开，个个都像是见了瘟神似的。

东施效颦为什么没能变得和西施一样漂亮，反而变成了一个怪模怪样的丑女人？是因为东施不顾自身的特质，将别人的特质硬生生地搬到自己的身上。

每个人都有自己的特质。如果不顾自己的个性和特质，硬是扭曲自己，学别人的样子，只会把自己变成一个四不像的丑八怪。因此，应尊重自己的特质，找到适合自己的方式。

肯定自己，扮演自己，才能极致地发挥自己的特色，生命才能获得精彩。一味地模仿别人，是永远不能开创属于自己的一片天地的。好莱坞著名导演山姆·伍德曾经说："年轻演员最重要的是保持自我。如果我们陷入模仿别人的怪圈中，将永远不能展现出真实的自我。"

从前有一只麻雀，看到孔雀高高扬起的头颅，看到孔雀尾巴上美丽的羽毛，看到孔雀骄傲的步伐，心生羡慕，也想学孔雀的样子。麻雀心想："如果我变成孔雀的样子，那时候，所有的鸟类都会来赞美我。"

为此，麻雀抬起头，伸长了脖子，深吸一口气，鼓起小胸脯，展开尾巴上的羽毛，学着孔雀的步法，前前后后地踱着方步。只是，这些动作让麻雀感觉到吃力，脖子疼，脚也疼得受不了。最糟心的是，不管是金丝雀，还是黑乌鸦，又或者是鸭子，都在嘲笑这只麻雀。

麻雀心里很委屈："我受不了了。累也就算了，还要被这么多鸟嘲笑。算了，我不想当孔雀了，我还是做麻雀吧。"可是，当麻雀想恢复从前的姿势时，它发现自己已经没有办法正常走路了。

一味地模仿别人，盲目地尝试，有时非但不能取得成功，反而会得不偿失。

查理·卓别林刚开始涉足电影圈的时候，很多电影导演都坚持要求他学习当时一个非常有名的德国喜剧演员的表演方式。可是，直到卓别林创造出一套适合自己的表演方法之后，他才开始在电影界小有名气。

所有的树叶看上去都一样，仔细观察后却发现，我们不可能找到两片完全相同的叶子。人亦是如此，我们每个人都有与生俱来的特质。正是有了这种差异，我们的世界才会更加丰富多彩。总而言之，无论是在事业中，还是生活中，追求一种不适合自己的模式，想要复制成功，都是不可行的，甚至会在模仿的过程中，失去自己的特质。

为此，努力保持自己的本色，充分发挥自己的特质，才是最明智的选择。

超越了自己就是成功

美国作家威廉·福克纳说过：“不要竭尽全力去和你的同僚竞争。你应该在乎的是，你要比现在的你强。”

当下社会，有很多人走入了成功的误区，他们看到了他人的成功，因而抱着所谓的成功法则，踏着他人走过的路，小心翼翼地前进。看似走在成功的路上，却离成功越来越遥远。成功是一件不可复制的事，每个人都有属于自己的方式。

上帝经常听到凡人渴望成功，他并不知道成功是一种什么东西，于是乔装打扮来到人间，希望见识到成功这种东西。

遇到第一个人，上帝问他：“请问，成功是什么？”

第一个人认真地回答：“成功就是兜里有钱，成为一个大款。”

遇到第二个人，上帝又问：“请问，成功是什么？”

第二个人不假思索地回答：“成功就是有权有势，成为一个大官。”

遇到第三个人，上帝又问：“请问，成功是什么?”

第三个人回答：“成功就是有名，成为一个无限风光的名人。”

三个人的回答都不一样，上帝还是没有搞明白成功是什么。于是他想着换一个方法去了解成功是什么，因此，上帝摇身一变，变成了一位妇人，来到一个公园，遇到一位带着孩子的母亲。

上帝上前问：“你好，我是一个有钱人，你觉得我成功吗?”

母亲淡淡地说：“您是一个有钱人，看样子很好。不过，您只是有钱而已，您拥有真正的快乐吗？您幸福吗？您知道什么叫作成功吗？我在社会上是守法的公民，在公司里是优秀的员工，在家中是贤良的妻子、慈爱的母亲，虽然没有您有钱，可是我过得平淡且快乐。”

上帝不说话了。后来，他看到一个推着自行车的年轻人，便上前问道：“你好，我是一个大官，你觉得我成功吗?”

年轻人打量了上帝一番：“您是一个大官，有权有势，挺好的。可是，您幸福吗？面对复杂的官场，您觉得自己能够把控吗?”

上帝默默无言地走开了，这一次他遇到了一个在玩沙子的小孩，便上前问道：“你好，我是一个名人，你觉得我成功吗?”

小孩摇摇头，说：“可是你不够自由啊，出门要戴墨镜，吃饭都要坐在角落，像一只被关在笼子里的小鸟。你看我，虽然不出名，可是我很自由，放学后可以来公园玩沙子，想看书就看书，想听音乐就听音乐。等我长大了，有了工作，也可以自由安排自己的时间，与家人、朋友聚会，日子很舒适。”

在社会当中，我们经常会听到这样的对话。

一个人问男士：“你多大了？”

“30岁。”

“你买房了吗？”

“没有！”

又问：“你买车了吗？”

“没有！”

“天哪，都30岁了，没房没车的，你有出息吗？你以后怎么成家呀？”

一个人问女士：“你多大了？”

“30岁。”

“找到有钱的男朋友了吗？”

“还没有。”

“天哪，都30岁了，还没有找到有钱的男朋友，以后可就人老珠黄、一辈子孤独无依了。”

几乎所有的人都把拥有金钱看作是成功的标志，按照这样的标准，世界上的大多数人都不是成功的人。而这种标准如果成立的话，还会产生负面影响。

出名也是，现在很多人为了出名不择手段。

传说古波斯有一个人，叫西罗斯特拉斯，他想出名，但是他知道自己没有钱，也没有高贵的社会地位，所以出名很难。为了能够出名，他冒天下之大不韪，用一把火烧掉了古波斯最有名的神庙，然后坐在原地不动，等着被抓。

后来有人问他为什么要烧神庙。西罗斯特拉斯一本正经地说："为了出名。"

"可是有这么多出名的方式你不选，为什么要火烧神庙呢？这可是犯众怒遭天谴的大罪啊！"

西罗斯特拉斯满不在乎地说道："我不能流芳百世，也要遗臭万年。"

这个传说似乎离我们很远，却折射出现代社会为了追求出名而不惜一切代价的现实。如果成功的标准真的是金钱和名气的话，整个社会都会陷入危机当中。我们对成功，要有一种更全面的理解。

从前，有一位少年，他的经历十分有趣。

六岁时，他和一位非洲裔主教玩滚球，玩了一个下午。

结束后，他想到从来没有哪位大人陪他玩这么久，所以他觉得黑人是世界上最优秀的人种。

八岁时，他开始问父亲的朋友有多少资产，很多人被这个问题吓了一跳。

上小学时，他经常偷看姐姐收到的情书，一看就是一整天，从未被发现。

上课时，老师问他拿破仑是哪国人，他觉得这么简单的问题肯定有诈，于是回答“荷兰人”，结果被老师惩罚不准吃晚饭。

他很没有耐心，父亲不愿意带他去钓鱼，生怕他没有耐心把自己弄疯了；也因为没有耐心，他从牛津大学肄业。

他天生哮喘，晚上总是睡不着觉，白天又觉得很累，这个病一直缠绕着他。

他总认为自己的智商接近天才，但经过测试，只是普通人的正常智商。

后来，有一位伟大人物，他的故事充满了传奇色彩。

他有无数个朋友，他曾经列过一个清单，上面写着50位挚友，其中包括美国国防部部长、纽约的著名律师、报刊总编以及女房东、农场的邻居、贫民区的医生等。

他一生都在冒险，大学未毕业就去了巴黎当厨师，后来去卖厨具，又去好莱坞做调查员，之后又做过间谍、广告人，晚年隐居在法国古堡。

他31岁那一年，为了帮助自己的国家，在“二战”期间为英国情报局服务，当了几年间谍。

他37岁那一年，效仿祖父去做一位商人，以6000美元起家，创办了一家广告公司，过了几年，公司年营业额达数十亿美元，成为全球顶尖公司。

他设计了无数优秀的广告词，至今仍在使用。

他曾说："只要比竞争对手活得长，你就赢了。"最后，他活到了88岁。

其实，少年和伟人是同一个人，他就是大卫·奥格威——奥美广告公司的创始人。

把大卫·奥格威少年时期的故事和长大后的故事一一对应，其实并没有必然的联系，或许有些能够勉强联系起来，偷看情书的本领为当间谍做铺垫；对资产的兴趣使得他日后开了公司……可有些却截然相反，完全没有联系，年少时没有耐心却事业成功；身体不好却长寿……

回到最初刚看少年的有趣经历时，你能判断出他长大后会成为伟大的人物吗？

世界上的事都存在着一定的规律，不过很多规律并不能机械地去理解，正如"市场永远不变的法则就是永远在变"，人总处于不断的变化之中，如果未来能够精准地被预测，那人生还有什么意义值得我们追求呢？

有一句话说："估量命运的秘诀就是不可估量。"未来不可估量，成功也不可复制，每个人都有着全然不同的性格、身份、成长环境、机会机遇等，成功又如何能够被效仿和复制呢？

如果非要说出成功的规律，那一定是认识自己、成为自己、超越自己。一句话——和你自己比，将来的你，比现在的你强，就是成功！

一辈子不长，做个有趣的人

有人把生活比喻成一首歌，但这歌并不都欢快得令人陶醉，它有忧伤，有凄凉，有哀痛，也有呻吟。只有真正懂得生活的人才会把它仍然当作一首歌来唱，将自己的嗓音调整到最佳状态，努力地把握好每一个音节，就连那伤心伤情之处也要表现得凄美而惨烈。

有一个6岁的小女孩，有一天突然问妈妈："妈妈，路边的花会说话吗？"

妈妈愣了一会儿，回答："亲爱的宝贝，如果路边的花不会说话，那春天就没有可以聊天的伙伴了，它该觉得多么无聊啊！"小女孩用力地点点头，笑了。

小女孩慢慢长大，到了16岁，有一天她问爸爸："爸爸，天上的星星会说话吗？"

爸爸愣了一会儿，回答："宝贝，如果天上的星星会说话，那整个天堂不就十分嘈杂了吗？"小女孩认真地点点头，笑了。

后来，小女孩又长大了，到了26岁，已嫁为人妻，成为一名成熟的女性。有一天她问丈夫："我在昨天的宴会上表现得是否得体？"

丈夫用力地点点头："宝贝，我觉得你非常棒。你说话的时候，要言不烦，像一首悠扬的歌曲；你不说话的时候，虽静音而传千言，像一朵清香的荷花。亲爱的，你能告诉我你是如何做到的吗？"

"6岁时，妈妈教会我与自然界对话；16岁时，爸爸教会我与心灵对话；26岁之前，哲学家、史学家、音乐家、外交家、农民、商人等教会我与生活对话；遇见你之后，你教会了我什么是爱、思想和智慧。"女孩笑得特别灿烂。

一个优雅快乐的人，会感受生活，会品味生活中每时每刻的内容。虽然享受生活必须有一定的物质基础，需要你努力地工作和学习，创造财富，但是，劳作本身不是人生的目的，人生的目的是生活得惬意。一方面勤奋工作，另一方面使生活充满乐趣，这才是充实的一生。

所谓的享受生活，并不是灯红酒绿，也不是什么都不操心，患上“懒癌”，而是竭尽全力地丰富生活的内容，提高生活的质量，好好工作，也好好休息。散步、登山、滑雪、垂钓，或是坐在草地或海滩上晒太阳，在做这一切时，不理琐事，使烦忧消散，使灵性回归。用英国著名作家乔治·吉辛的话说，享受生活是过一种“修养灵魂的生活”，是像艺术家一样热爱并设计生活，让生活呈现出另外一番模样。

比如，有人说日子如白开水，淡而无味，那你就加点蜂蜜……你能做的事有很多，可以无极限发挥你浪漫的创意，让生活变得不再平淡。生活需要变化，这样才能让人觉得有新鲜感，才能长时间地保持活力。

在一个无趣的时代、无趣的社会，做个有趣的人不容易。如何做一个有趣的人呢？首先，要热爱生活，有足够的爱心；其次，要细心地观察生活，体验生活，找到生活中的乐趣；再次，要充分发挥想象力，去发现生活中的美。

在漫漫的历史长河当中，有许许多多的圣人，但称得上有趣的人并不多。

宋朝大文豪苏轼就是一个有趣的人，他不赞同古人所说的“人生有四大乐事”，他认为人生的赏心悦事可不止四件，而有十六件：清溪浅水行舟；微雨竹窗夜话；暑至临溪濯足；雨后登楼看山；柳荫堤畔闲行；花坞樽前微笑；隔江山寺闻钟；月下东邻吹箫；晨兴半炷茗香；午倦一方藤枕；开瓮勿逢陶谢；接客不着衣冠；乞得名花盛开；飞来家禽自语；客至汲泉烹茶；抚琴听者知音。看这十六件乐事，不难知道，苏轼不仅热爱生活，也懂得享受生活，确实是一个十分有趣的人。

在有趣的人的眼里，世界上的每一件事、每一个物品都充满了乐趣，蚊子飞来飞去惹人烦，也可以说是“群鹤舞空”；蛤蟆呱呱乱叫，也可以说是“沸反盈天”，但在无情趣的人的眼中，这些却是完全枯燥无味的。

生活从来不缺少美，而是缺少发现美的眼睛。天气晴朗时，躺在绿茵茵的草地上看云晒太阳；暴风雨来临时，听听雨声；空气凉爽时，躺在床上胡思乱想……这些看似无用的事，却使我们的人生充满了情趣。

苏盈是个极富生活情趣的人。虽然她工作很忙，闲暇时间不多，但她生活得有滋有味。

只要一有时间，她就会用丝线编织各种小背包，小包一般都是用黑丝线钩织，再配以孔雀蓝的底衬，最后缀上各式各样的小饰品，不管是谁见到这样的小背包都会爱不释手。她家的椅子腿都套着毛线套，有时别人去她家都舍不得往椅子上坐，生怕压坏压疼了这些可爱的“小生灵”。

在苏盈家做客时，每个人都会觉得很幸福，不仅能够吃到添加了葡萄干、瓜子、花生仁、核桃、果脯等各色果料的鲜香可口的、自己烤制的面包，还能够吃到她腌制的各色小菜，又香又脆，味道令人久久难忘，时常还有诱人的粽子和肉饼。客人来，每次都是连吃带拿，苏盈则很高兴地表示特别欢迎他们下次再来。

她从来没有因为忙碌的工作影响自己的生活质量和生活情趣，大家对她的生活热情佩服得五体投地。

有时候，大多数人都很羡慕那些功成名就的伟大人物，觉得他们是生活中的佼佼者，对事业和生活充满了激情和信心。不过，真正懂得生活的人，是那些遭遇到困难和挫折后却依旧对生活抱有信心的人；是那些明明知道生活本就是乐与悲，成与败，苦与甜，却依旧坚持热爱生活的人；是那些不对财富和名利拥有太多欲望并且认认真真生活的人。

爱情就该慢慢来

楠楠是个相貌中上等的女孩子，在一家大型国有企业工作，按说找个男朋友是不成问题的。然而，在失恋一两次之后，她变得非常自卑，一旦有人给她介绍男朋友，约会之后，她便主动地说：“我没意见，就看你的态度啦。”于是，又分手；再谈，再分手，成了“恶性循环”。

为了让楠楠从这样的“恶性循环”中走出来，闺密讲了一个故事给她听。

当土豆刚刚传到法国时，法国的农民对这种高产、抗病的植物并不感兴趣，无论当局花多少力气去宣传，收效始终甚微，优质土豆始终被冷落，没有农民愿意种植。后来，当局中有人想了一个办法：在试验田中种植土豆，并且让全副武装的哨兵把守着。

这个举动让周围的农民感到好奇，一块普通的庄稼地怎么会有士兵把守呢？于是，趁着哨兵的“疏忽”，不少农民溜了进来，偷走了一些土豆，把土豆种在自家地里。

等到土豆成熟时，农民们发现了土豆的优点，于是一传十，十传百，土豆就成了法国农民最喜欢的农作物之一。

这就说明了“送者贱，求者贵”的道理。有人说：“爱人者不被爱，被爱者不爱人。”所以，在谈朋友时，要学会拒绝，在对方面前保留些“神秘”之感。让他成为“爱人者”，让自己成为“被爱者”。这样，你的“恋爱身价”就成了上面故事中的“土豆”，就可能会提升。俄国伟大诗人普希金说过：“在恋爱中，你不会对男人冷淡，你就别想得到男人的爱。”

楠楠听了“开导”，一下子变得聪明了，不久便找到了理想的男朋友……

有人或许会说，这不是教人“作假”“虚伪”吗？当然不是！第一次和人家见面，便急于把自己“廉价推销”出去，“买主”一定会认为这个人有这样或那样的毛病。“送者贱，求者贵”，仔细琢磨琢磨，这里面不是有着非常奥妙的辩证法吗？

现在是一个讲究速度的时代，每个人都很着急，急着在工作上有所成就，急着谈恋爱，急着结婚。男性朋友拼命工作，还未拥有足够的阅历沉淀就急于闯世界，女性朋友想安逸地享受生活，又想不奋斗就拥有一切。可是，如果连安安静静读完一本书的时间都没有，急着做那些事有什么意义呢？

爱情这回事，需要慢慢来，如果在我爱上你的时候，你也刚好爱上了我，那我们就在一起吧，一辈子都可以。房子不重要，车子也不重要，只要有你就好，结婚、生子，一切都顺其自然。单身、恋爱、结婚，是感情路上三个由浅入深的阶段，换一种态度对待感情，更勇敢地坚持自己，更坦诚地审视情感，更睿智地对待你们未来的生活。

单身不是罪，只是一种生活状态，不必因为是单身，而降低自己的底线。即使到了一定年纪依旧单身，也没关系，不要因为急着把自己推销出去，而不管不顾地降低标准，或者委屈自己迎合他人。

追求幸福不是一件错事，只有谨慎对待，以后对待感情和婚姻才会更认真。恋爱和婚姻都是需要慎重的事，选择一个志同道合的人，双方对待感情和生活的态度需要一致，拥有共同的人生追求，才能够建立良好的、幸福的恋爱关系。为什么要让这么严肃的事情变成一件类似逛街那样随心所欲的事呢？

真正对的人，可遇不可求，在追求爱情的道路上，不要委屈自己，也不要轻易改变自己恋爱的初衷，或者违背自己为人处世的原则，因为到最后，只会让自己不开心。恋爱和婚姻就像是穿鞋子，合脚的穿起来才舒服，如果不舒服，做一个自由自在的“单身贵族”又有何不可呢？请相信，唯有坚持自己的底线和准则，保持“高标准”，才能收获“高质量”的幸福果实。

好的开始是成功的一半，一个好的起点将会对之后的过程和结果产生重要的决定性作用。如果在一开始的时候，两个人马马虎虎，一个向左走，一个向右走，那么在今后的共同生活中必定充满各种不确定性，甚至潜伏着各种危险和隐患。即便两个人走得再远，付出的努力再多，也只能是背道而驰，渐行渐远。

只有在同样的起点，以相同的速度往前走，感情才能够真正长久。